滋賀県発！持続可能社会への挑戦

科学と政策をつなぐ

内藤正明・嘉田由紀子 編

昭和堂

はじめに

「琵琶湖が死の湖に！」という衝撃から始まった本格的琵琶湖研究

今から四〇年ほど前の一九七七年五月二七日、琵琶湖南湖から北湖にかけて広範囲に大規模な赤潮が発生しました。そのとき職員の知らせで急きょ現場にかけつけた当時の武村正義知事は、「浜大津の湖岸から坂本あたりまでかなり広範囲に変色している。南湖の半分以上のスケールで日ごろ青い湖面がすっかり赤茶けていました。それに変な臭いも漂っている。生魚のような臭いですね。……琵琶湖が異常な事態にあることを体感せざるをえませんでした。ここから私の琵琶湖問題への取り組みが始まりました」と証言しています。[*1] このときの赤潮は北湖の北小松浜まで広がっていました。

大型赤潮発生のニュースは瞬く間に広がり、新聞には「琵琶湖が死の湖に！」という見出しが躍りました。県はすぐに赤潮発生のメカニズム解明のため資料収集にとりかかり、チッソやリンなど栄養塩の過剰流入が原因と突き止めました。そしてリンを含む合成洗剤が規制しやすいという方針をたて、条例制定を目指しました。

しかし合成洗剤の流通や販売の規制は、憲法が保障する「営業の自由」（憲法二二条の職業選択の自由と、憲法二九条の財産権の確保の両方から規定されると言われる）に抵触しかねず、憲法問題まで懸念されました。一方でこれらの条項には「公共の福祉に反しない限り」という前提があります。そこで武村知事は、合成洗剤を規制する条例における「公共」性を「せっけん普及率が半分以上になること」と「県民の三分の二以上が条例に賛成すること」と定め、県民運動を促しました。その結果、主婦を中心とした住民だけでなく、農協や漁協など生産団体まで巻き込んだ「びわこ（石けん）会議」が組織化され、県民運動は大きな盛り上がりを見せました。このような県民運動に後押しをされ、武村知事は二年後の一九七九年九月一四日に「富栄養化防止条例」を県議会に提案しました。しかしリンと富栄養化の因果関係や法解釈などをめぐり審議は難航し、異例の大幅会期延長の末、ようやく一〇月一四日に議決され、条例は一九八〇年七月一日から施行されました。

琵琶湖にとって、また滋賀県にとって重要な富栄養化防止条例は、このように難産でした。また、赤潮発生のメカニズムなどを調べれば調べるほど、琵琶湖について分からないことが多く出てきました。そこで武村知事は「湖と文化の懇話会」をつくり、当時の関西の「知のリーダー」ともいうべき国立民族学博物館館長の梅棹忠夫さんに「琵琶湖研究所」の構想を相談しました。梅棹さんは研究所設立に大賛成で、即座に所長として吉良竜夫さんを推薦してくれました。吉良さんは、京都学派における梅棹さんの永年の研究仲間です。当時は大阪市立大学理学部教授で、日本生態学会会長も務めていました。そして一年間の準備期間を経て、一九八二年四月、正式に「滋賀県琵琶湖研究所」が発足しました。本書の編者の一人である嘉田由紀子は、この琵琶湖研究所の社会科学系の初代研究員として採用されました。

本書の目的と構成

滋賀県における琵琶湖研究の始まりが赤潮大発生であったという歴史的経緯を、いささか細部から書き出しましたが、本書を最初に構想したのは、滋賀県琵琶湖環境科学研究センターです。所期の目的は、二〇〇五年に設立されたセンターの一〇周年を機に研究成果をまとめることでした。当センターは一九八二年に設立された前述の「滋賀県琵琶湖研究所」と「滋賀県立衛生環境センター環境部門」が、それまで長年のあいだ培ってきた試験研究の成果と人材を最大限に活かし、新たな課題に対応するべく統合・再編された機関です。編者の一人である内藤正明は初代センター長に就任し、現在もセンター長としてリーダーシップを発揮しています。そして、この十数年間の調査・研究の蓄積を整理し、今後の発展の基礎とすることを目的として本書を構想したのです。

一方、琵琶湖はいまや歴史的・文化的・社会的存在であることが広く知られるようになりました。数百万年の歴史を持つ「古代湖」であり、縄文・弥生時代から人びとが利用してきた「文化的古代湖」でもあります。そして明治時代以降は関西圏における「命の水源」という社会的使命も担ってきました。内藤は、こうした流れをフォローするべく、琵琶湖の文化的研究蓄積がある嘉田に共に本書を生み出そうと呼びかけたのでした。

本書の第Ⅰ部「琵琶湖の環境保全をめざして――科学と政策と文化の融合」は、その協働の成果です。第一章から第三章までは嘉田が担当しました。

第一章では、「琵琶湖とは何か――生物進化と湖沼文化の独自性」と題して、琵琶湖博物館の展示を中心として、古代湖としての琵琶湖の歴史や文化、そして農漁業や生活世界で見られた環境共生型地域社会の仕組みと歴史的変遷を詳述しました。

さらに第二章では、「琵琶湖政策の歴史――近代化における縦割り行政の拡大」として、明治時代以降、滋賀県にとって死活問題であった琵琶湖政策の近代化の歴史をたどり、琵琶湖総合開発などがはらむ課題を詳しく述べました。というのも、人とかかわりの深い琵琶湖は、良きにつけ悪しきにつけ政策的変化を如実に映し出してきたからです。

続く第三章では、「琵琶湖の科学研究の発展――総合化への一〇〇年」として、大正時代初期に始まった琵琶湖の科学的研究の歴史をたどり、琵琶湖研究所の初期一〇年の研究成果を紹介しました。当センター研究の前哨部分でもあります。同時に、琵琶湖の持つ本質的な価値を発見・発信し、結果として琵琶湖保全に資する組織としての琵琶湖博物館の研究や活動内容も紹介しました。そもそも琵琶湖博物館の構想には、琵琶湖研究所での研究成果が活かされていたからです。

そして第四章「これからの新たな琵琶湖政策――生存可能社会を求めて」は、内藤が担当しました。センターが一〇年かけて進めてきた総合的な琵琶湖研究の経緯と、環境研究に内在する困難を乗り越えるための総合研究の仕組みの工夫、そこから生まれてきた「森林から湖へというひとつながりの生態系の再生を目指す滋賀県の環境政策の展望」を、詳しく解説しました。

第Ⅱ部「真の持続可能社会を目指す『滋賀モデル』」では、人と自然の共生の基礎となる社会的関係性についても詳しく踏みこんでいます。というのも地球規模で語られる持続可能社会とは、自然条件だけでなく、社会的正義や生活の質など、より多面的な次元で定義されるものだからです。そして実践的な持続可能社会づくりのためには、地域社会からのモデルづくりが必要という問題意識から提起されたのが「滋賀モデル」です。

まず第一章では、「地域からつくる持続可能な社会」として、その概要を示しています。第二章では、「持続可能な地域社会の実現シナリオ」として、滋賀県東近江地域をモデルとして選び、「住民参加のワークショップ」の場づくりや会議の運営方法などを具体的に紹介しています。次に第三章では、「持続可能な地域の将来社会像」として、二〇三〇年にむけての定量的データを「豊かさ指標」などを柱としてまとめます。そして第四章では、「ビジョンを実現するためのロードマップ」として、具体的な取り組み行程表を示します。最後に第五章では、「ビジョンの社会的実践に向けて」として、ビジョンをいかに行政計画に埋め込んでいくか、財政的基盤づくりも含めて提案しています。このモデルづくりは、まさにセンターの地域貢献活動が真価を発揮した研究成果といえ、滋賀県における低炭素計画づくりの基礎資料にもなりました。

第Ⅲ部「原発事故による放射性物質拡散予測への挑戦」では琵琶湖に近接する若狭湾岸の原発で事故が起こっ

たことを仮定して予測した大気汚染と水質汚染、さらに大気や水質という媒体を経て琵琶湖の生き物にどのような影響がでるか、という生態系への影響シミュレーションを紹介します。私たちは、若狭湾岸の原発事故は、現在そして今後において琵琶湖の環境保全における最大の潜在リスクと考えています。そこで県独自で放射性物質の拡散予測を行いました。滋賀県としての予測の使命を担ったのが琵琶湖環境科学研究センターです。第Ⅲ部では、その経緯と結果を詳しくたどります。

まず第一章では、「なぜ『卒原発』を滋賀県から提唱したのか――『被害地元』知事の責任と苦悩」として、嘉田が知事時代に取り組んだ放射性物質による汚染リスクの「見える化」のプロセスについて解説します。第二章では、「放射性物質は滋賀の大気でどのように広がるのか」として、嘉田と内藤からの指示を受けてシミュレーションを行った山中直が、その経過から結果まで丁寧に解説します。そして第三章では、「放射性物質は琵琶湖でどのように広がるか」として、佐藤祐一が琵琶湖内での放射性物質の挙動を予測するモデルの全体像を示しながら、水質への影響とそのデータの取り扱いに内在する課題について詳しく解説します。

そして第四章では、「座談会　滋賀県・琵琶湖の放射能予測が私たちに問いかけたこと」として、内藤と嘉田、山中、佐藤の四名による座談会を収録しました。この座談会では、環境行政として放射性物質を扱った経験がない地方自治体で、拡散シミュレーションにいかに挑戦したのか、当事者として直面した障害や苦労を交えつつ、明らかにしました。具体的には、研究者と行政との協力体制づくりの課題や、壁を乗り越えるためのリーダーシップの重要性、研究者として経験がない領域へ踏み込む勇気、特に放射性物質による汚染のように社会的関心が高く、県民生活に大きな影響を与えかねない領域に踏み込むことの困難さを語り合いました。そして最終的に、環境問題が、持続可能社会の向こうに「生存可能社会」を考えなければいけないほど大きな課題であることも確認しました。公正な社会制度や適正技術に加えて、まさに文明論を語ることが必要という意見で全員一致し、座談会を締め括ることになりました。

環境政策研究の難しさと挑戦の意味

次に、「はじめに」として少々座りが悪いことを自覚しながら、自治体の環境政策研究に内在する難しさと可能性について、内藤と嘉田の経験に則してまとめておきたいと思います。

そもそも研究とは研究者の自由な発想から生まれるものという理念があります。「価値観から自由に真理を追究する」ともいわれてきました。しかし、当センターや琵琶湖博物館が担う、政策課題に対応する研究というのは、こうした従来の研究観とは異なっています。それが自治体立の研究組織が抱える「一つめの難しさ」です。とはいえ今日では、あらゆる研究組織が速やかに「社会に役立つ成果」を出すことを求められる時代となっています。また、社会に役立つといっても、文明論まで含めて考える大きな視野が必要であることも私たちは自覚しています。

「二つめの難しさ」は、環境問題においては、現象そのものも、その現象が与える社会的影響も複雑に関連しあっていて、これまで科学研究で用いられてきた「要素還元的アプローチ」では、社会的に求められる答えが導けないことです。そこで環境研究に対しては、まず一九八〇年代に日本科学者会議等から「文理連携の学際研究（Interdiscipринary）」という理念が提起されました。琵琶湖研究所も課題追求型の学際研究を目指し、発足しました。さらに二〇〇〇年代に入って、研究の政策的応用も含めて「超学際研究（Transdiscipinary）」が求められるようになりました。しかし、まだ、ほとんどの研究組織において、そのような研究が十分実現しているとはいえません。そこで琵琶湖環境科学研究センターでは、多分野の研究者が課題を分担して独自に取り組み、それを単に集積するという従来型の分担研究の進め方を超えて、参加メンバーが最初から目標を明確に共有し、それに向かって密に連携して研究を進めるための体制をつくりました。したがって当センターでは、現実問題を解決するための答えを見出すという明確な目的意識をメンバー全員が共有しています。問題解決に向かって研究シナリオを設定することで、必然的に総合化の実現も図られています。そして、「総合解析部門」という組織をセンターの要と位置づけ、すべての成果が総合解析を経て政策課題と結びつく組織体制にしました。

なお、総合解析部門の存在だけでは、幅広い環境事象の調査研究を推進することは不可能です。そこで、不足する分野については、内外の試験研究機関の協力を広く積極的に求めていくという努力を不断に行ってきました。県内のみならず、県外の研究機関や大学との連携を強めてきました。さらに、国の研究機関との連携に向けて準備を進め、二〇一七年に実現しました。この幅広い連携は、自治体の研究機関としては稀な例として、内外から関心を集めています。

このように、個々の分担作業の努力が総合研究に結実される仕組みと、その成果が目に見えて現場に還元される仕組みを工夫してきました。平成二五年度には「地域の活性化に尽力し、極めて優れた成果を挙げた」ということで、総務大臣表彰を受けることができました。ただし、このような総合研究には、研究者にとって最も大事な「オリジナリティ」の帰属をどうするかという難しさがあります。しかし、最近はノーベル賞も複数での受賞が多くなっています。それにならえば、グループ成果の貢献を皆が分かち合えるようになることが必要です。そのような学界の考え方の変化が総合研究の成り行きにも影響を与えるでしょう。

一方、一〇年近くの準備期間を経て一九九六年に発足した琵琶湖博物館も、県立県営の研究機関として、展示や交流など、住民との連携を研究活動の基本としてきました。学芸員採用において基本的な学術能力（博士号）を資格要件とする一方で、住民参加型の調査研究や環境学習・教育など、住民との連携も学芸員の活動として重視しています。あわせて県政課題、特に琵琶湖生態系の再生や生物多様性の保全への貢献も求められます。これらの課題において博物館による研究成果は重要で、政策部局との相互乗り入れが年々強化されています。また観光客誘致など、琵琶湖の文化的価値を表現するための基本的情報においても博物館の役割は年々大きくなっています。まさに「超学際（Transdisciprinary）」研究を目指す博物館といえます。今後は琵琶湖環境科学研究センターとの連携がいっそう大事になってくるでしょう。

県民に愛され、尊重される研究機関として成長するために

琵琶湖環境科学研究センターも琵琶湖博物館も、自治体立の研究機関として前例のない挑戦をしてきました。その結果、近年は大きな評価を得ています。センターは、統合・再編された二機関がそれぞれ培ってきた実績が融合されることで、相乗効果を発揮し、優れた成果を生み出しています。特に、環境監視を長年継続してきた「環境監視部門」のデータはほかにない貴重なものであり、効果的な総合解析の成果につながったと自負しています。

この背景には滋賀県における琵琶湖研究の位置づけの重要さが存在します。幸せなことに、琵琶湖の研究を担っていることに対する県民の関心と評価はきわめて大きく、その活動には多大な応援が得られます。また、その成果が県内の各方面で関心をもって受け止めてもらえるのは、他の地域の環境研究機関にはあまりないことであろうと感謝しています。

一九九九年に世界科学会議が「ブタペスト宣言」を発信しました。これは、科学と科学的知識の利用に関する世界宣言で、単なる研究のための研究ではなく、「進歩のための知識にしよう」「平和のための科学にしよう」「より安全な暮らしのための科学にしよう」と述べています。そのような意味では、滋賀県のもつ琵琶湖環境の研究組織は国際的な動向を先取りしているといえます。滋賀県においてのみならず国際的な価値を持っているとさえいえるのではないでしょうか。ただ、これはひとえにその成果が、県民と県行政の要請にどこまで応え、どのよ

うに評価されるかに掛かっています。

さて、冒頭で紹介したような、赤潮大発生による「死の湖に！」という危機を、私たちは今、乗り越えたのでしょうか？　琵琶湖の水質構造や生態的仕組み、湖と集水域との連携の仕組みを解明し、さらに人びとの琵琶湖への理解を深め、環境配慮型行動を促し、琵琶湖の総合的な環境政策を進める上で、琵琶湖研究所や琵琶湖環境科学研究センター、そして琵琶湖博物館が果たしてきた役割はとても大きかったといえるでしょう。もしこれらの機関が存在しなければ、滋賀県はどのように環境政策をつくってきたでしょうか。そのような意味では、県民の皆さんに支えられてきたこれら三つの研究機関は、琵琶湖が直面する「死の湖に！」という危機に、少しは改善の方向を示すことができたといえるでしょう。

しかし、琵琶湖という存在は、知れば知るほど奥深く、科学的に複雑多岐な存在であることが見えてきています。また、琵琶湖周辺の社会が変化するのに応じて、琵琶湖自身も毎年異なった姿を見せます。地球温暖化の影響も忍び寄ってきています。琵琶湖研究に終わりはありません。県民の皆さんに愛され、尊重される研究機関であり続けられるよう、今後もいっそうの努力が求められています。本書を通じてその一端を示すことができたら編者として望外の喜びです。

二〇一八年二月

内藤正明
嘉田由紀子

注

＊1　関根英爾『武村正義の知事力』サンライズ出版、二〇一三年、一二一―一二三頁。

目　次

第Ⅰ部　琵琶湖の環境保全をめざして

――科学と政策と文化の融合

嘉田由紀子
内藤　正明

第1章　琵琶湖とは何か

生物進化と湖沼文化の独自性

1　古代湖は地球大地の歴史をうつす

琵琶湖博物館の最初の展示室には巨大なコウガゾウの骨組みが展示され、その奥にはゾウの母子のジオラマ展示がある。その奥にはゾウの足跡展示もある（写真1-1-1）。これを見て「なぜ琵琶湖博物館にゾウが？」と驚く人も多かった。

昭和六〇年代末に琵琶湖博物館を計画したとき、まず「琵琶湖は古代湖です。四〇〇万年もの歴史があります」と訴えることにした。なぜなら、人間が制御できない、はるか巨大な地球大地の歴史のなかで琵琶湖が産まれ生きてきたということを、知ってほしかったからだ。当時は耳で聞いても文字で見ても「小太鼓？」などと言われたが、開館して二〇周年をむかえ、ようやく最近になって「古代湖」という表現が市民権を得てきたようだ。

写真 1-1-1　琵琶湖博物館における A 展示室のコウガゾウ（嘉田由紀子撮影）

「古代湖」とは、およそ一〇万年以上存続している湖沼である。一般的に湖の寿命は数千年から数万年といわれている。流入する河川からの堆積物で湖が埋められてしまうからだが、一部の湖は一〇万年以上の歴史を持ち、なかには数百万年から二千万年以上の寿命を有する湖が存在する。このような湖を古代湖と呼ぶ。

古代湖では水域が長期間にわたって独立的に存在するため、その湖に適応して独自の進化を遂げた固有種による生態系が見られる。琵琶湖では、ビワコオオナマズやイワトコナマズなど沖合に住むナマズ類や、暖水系のニゴロブナやホンモロコ、冷水系のビワマスなど、多様な固有種が命をつないできた。琵琶湖はまさに生物進化の展覧会場である。

世界を見渡しても古代湖は一〇ヶ所ほどしか確認されていない。ロシアのバイカル湖やアフリカのビクトリア湖、タンガニイカ湖、マラウイ湖などである。琵琶湖は、こうした巨大な古代湖とならんで世界的に注目される古代湖である。

2　琵琶湖は文化的古代湖

琵琶湖博物館が開館した翌年の一九九七年、草津市で「世界古代湖会議――古代湖における生物と文化の多様性」を開催した。そのときに世界中の研究者から指摘されたのが、琵琶湖の特異性だ。その一つは、多様な環境問題に直面している「悩める古代湖」であるということだ。バイカル湖やアフリカの古代湖などと比べると、琵琶湖は高度に発達した都市工業社会の発展に取り込まれている。周囲の人口密度も高く、治水・利水・漁業など周辺の人間社会の都合で利用し尽くされてきた。それだけ環境問題の根が深く、幅も広いということだ。

二つめは、人びととのかかわりの歴史や文化的個性が、考古学的証拠をもって克明に解明されている、世界的にも珍しい文化的古代湖であるということだ。

じっさい、琵琶湖周辺でたくさんの遺跡が見つかっており、約三万年前の石器時代から人びとが住んでいたことが分かっている。そのうち縄文末期といわれる粟津貝塚からは多量の出土物が発見された。その分析から、湖辺の人びとが食糧としていたのは、セタシジミやコイ、フナなど湖の魚介類や、周辺に生息するシカやイノシシ、サルなどの野生獣、そして湖辺の森を覆っていたであろうトチノミであったことが分かった。トチノミは大量に得られていたようで、カロリー計算の推定値によると、一年間の必要カロリーのうち約四割がトチノミから摂取されていたと推測されている。トチノミを食していたということは、人びとがすでに「水さらし」の技術を持っていたことを意味する。縄文時代の男女の役割分担も推測でしかないが、狩りや漁に男性が携わり、トチノミ拾いや食料化という多大なエネルギーを投入する作業に女性が携わっていたとすると、食糧獲得における女性の貢献度の大きさが想像される。また、出土したセタシジミの殻を見ると、今のものに比べて大型の粒ぞろいで、当時すでにサイズによる漁獲制限がなされていたのではないかと思われる（写真１－１－２）。

写真 1-1-2　琵琶湖博物館におけるセタシジミ貝塚の粟津湖底遺跡の展示（嘉田由紀子撮影）

米づくりが始まったのは約二三〇〇年前の弥生時代である。周辺に開かれた水田は、琵琶湖やヨシ帯とつながり、産卵期には魚類が入ってきたようだ。米をつくるだけでなく漁業もできて、まさに「魚米の郷」を形成していたであろうことが、琵琶湖博物館近くの赤野井湾遺跡や下の郷遺跡の様相から推測される。
魚にとってみたら、水田は、いつも同じ季節に安定して水がはられ、プランクトンが多く、湖と自由に出入りができ、稲影に隠れて敵から身を守ることもできる、格好の「ゆりかご」であったろう。

人間にとってみたら、産卵期に大量の卵を腹に抱えたフナやコイが沖合から人間世界に近づいてくるのである。巨大な漁具がなくても、まさに子どもでも手づかみで子持ちのニゴロブナを捕獲できたことが、容易に想像できる。今の時代では「うおじま」と呼んでいるが、きっと弥生時代の人たちも類似の言葉を持っていたのではないだろうか。ある時期いっせいに捕獲できるニゴロブナなどの魚介類を年間通じて食すことができるように工夫されたのが、今も伝わるフナズシだ。

また地先の漁業や河川漁業、内湖の漁業など、漁獲の場に応じて巧妙な漁具が発達してきた。それらは、あるものは南方から伝播し、あるものは地元で独自に開発されてきた。湖岸のエリはアジアや中国南部と共通の技術で、フナズシ漬けの技術とともに伝わってきたのではないかという学説もある。[*1] これは歴史的推測として納得しやすいものである。また河川に仕掛けられるヤナは、川ごとに形やサイズが多様で、それぞれの地元で独自に設置されてきた。漁具の素材は、かつてはヨシであったろうものが竹に変わり、そして現代では塩ビパイプなどに変わっているが、魚を誘い込む基本的機能は継承されている。しかもエリやヤナのような「待ちの漁業」は農業と両立できるものである。こうした「半農半漁」の暮らしぶりは、すでに弥生時代から営まれ、今も継がれる生活文化といえるだろう。

3　漁業秩序に埋め込まれた先人の知恵

琵琶湖辺には、安曇川や野洲川などの大河川が注ぐ。これらの河川では、春にはコアユが、秋にはビワマスが大量に遡上して、貴重な漁業資源となっていた。これらを捕獲する権利、つまり「漁業権」は、それぞれの時代で時の政治的支配者を後ろ盾として秩序化されていた。奈良時代には天皇家、平安時代には貴族や寺社などの荘園領主、鎌倉時代から江戸時代は武士、そして明治時代以降は行政を後ろ盾として、時代により漁業権を担保する独特の漁業秩序を生み出してきた。

たとえば安曇川では、出口にある北船木集落が安曇川ヤナでの漁獲を独占的に行い、南側の南船木集落にはアユ一匹捕獲する権利がない。この起源は鎌倉時代に遡り、頼朝から下された宣旨という命令書によるという。今も北船木では「四河」と呼ばれる同業者仲間が輪番で安曇川ヤナの捕獲作業にあたり、仲間内で分け前を共有している。行政的には北船木漁協という組合が権利を持つが、明治時代に制定された漁業法そのものが既存の村落秩序を後追いする形で定められたもので、それ以前からの秩序が今も継承されているといえよう。

知内川のヤナは南側の知内村だけの権利で、北側の西浜には権利がまったくない（写真1-1-3）。これは、滋賀県が明治初期に漁業権の再秩序化を目指したとき、知内と西浜が漁業権費用の入札をして知内村が勝ったことを起源とする。その後、明治一〇年代に滋賀県がヤナ制限令を出したとき、知内村は、北海道から人工産卵の技術を導入して、ビワマスの孵化場をつくった。こうして資源保全の約束をしたことで、知内村は権利を継承することができた。地元で知内川は「ビワマス産婆の川」と呼ばれ、先人の努力が今に引き継がれているのである。*2

また、今は邪魔者になっている水草（藻）も、昭和三〇年代までは貴

写真1-1-3　知内川のカットリヤナ。ビワマス漁業資源を守った先人の努力のおかげで継承された権利（嘉田由紀子撮影）

重な肥料であった。それゆえ江戸時代から、琵琶湖辺での藻取りについても、漁業権のように独自の許可が、湖上管理を行う幕府などから与えられていた。

たとえば、江戸時代の大津町沖では「悪水（汚濁水）」が流れ込むので藻がたくさん生え、遠く堅田あたりから舟で大津まで藻取りに出かけてくる農業者がいた。しかし、地元の尾花川の農業者が地先の藻取り権を主張し、大きな争いになった。*3

また、昭和三〇年代に干拓が始まる大中の湖は、コイやフナの産卵場であったが、藻場も発達していた。周辺の村々の間には、五月中旬の藻が成長し始める頃、朝いっせいにお寺の鐘をならして「口あけ」を宣言し、抜けがけを防ぐという秩序もあった。

4　意外と新しい琵琶湖水の農業利用

目の前に広い水辺が広がる琵琶湖岸では、農業用の水に苦労しなかっただろうと、一般に思われがちだ。しかし、人力しかなかった時代、いったん琵琶湖に入った水を汲み上げるのは大変なことだった。また、たとえ上流部の水が豊かだったとしても、途中の水田で取水されるため、最下流まで流れてくるのは僅かになる。それゆえ琵琶湖辺の水田は水に苦労してきた。

そこで「水車（みずぐるま）」という、水車のような羽根の上に人が乗って、ぐるぐる回しながら、琵琶湖側から水田側に水を引き上げる技術が昔から導入されてきた（写真1 - 1 - 4）。一日乗っても一反歩（一〇アール）程度の田に水が入れられるだけで、能率の悪い、厳しい労働だった。特に嫁の仕事だったという。草津市志那町のKさんは、単調な水車仕事をこなすために、柳の葉を二〇枚持って車に上がり、一〇〇回踏んだら一枚の葉を落とし、二〇枚なくなったら降りて休憩、という流れをつくっていたと語ってくれた。

琵琶湖の水が農業に直接使われるようになったのは、バーチカルポンプ（地元では「バチカル」といっていた）が導入された大正時代以降である。電力による大規模な逆水灌漑施設が最初にできたのは戦後の昭和二七年（一九五二）で、長命寺川の下流部における琵琶湖揚水事業によるものだった。

その後、琵琶湖総合開発の圃場整備とセットとなって「水を求めて琵琶湖へ下りる」という現象が広がり、湖東地域では日野町まで琵琶湖水が逆水ポンプで送られるようになった。湖北でも、琵琶湖水を逆水していったん余呉湖に上げ、余呉湖から湖北農業用水に引き込んで水田を潤している。今では滋賀県の水田約五万ヘクタールのうち約半分に琵琶湖水が何らかの形で流れ込んでいる。

写真 1-1-4　琵琶湖辺の水路から田んぼに水を汲み上げる水車（藤村和夫氏提供、琵琶湖博物館所蔵）

こうして琵琶湖水が豊富に農業用水に取り入れられた結果、農業排水も増えることになった。それが琵琶湖の富栄養化問題を引き起こす。地域によって異なるが、琵琶湖の汚濁負荷量の六〜八割を農業排水が占めている。

5　「近い水」が生きていた時代

琵琶湖の水は淡水で、そのまま飲用に活用できる。海岸地帯とは大きな違いだ。縄文・弥生の時代から琵琶湖辺の人たちは、湖水を直接に飲み水として利用し、また洗濯などの洗いものにも使ってきたはずだ。

湖水を活用するために、足場が濡れないよう「橋板」（栈橋、洗い場）を湖に突き出して使っていたようだ。いつの頃からかは不明だが、弥生時代の針江遺跡からすでに橋板らしい跡が出土している。中世以降の絵巻物や江戸時代の旅日記にも、琵琶湖辺の洗い場の光景が描かれている。琵琶湖に浮かぶ沖島で行った昭和三〇年代の水利用についての調査によると、橋板では、朝のうちに飲み水を汲む、洗濯などは日が高くなってから行う、オムツなど下のものは決して洗わない、というシキタリが厳しく守られていたようだ。こうして飲み水の安全が保たれていたことが分かる（写真１‐１‐５）。

また近江八幡や長浜、大溝など、湖辺の湿地帯にできた中世以降の町では、地下水はカナケが多くて生活用水に適さないため、江戸時代から古式水道がつくられていた。上流部の美しい地下水を、竹管をつないで各家まで引き、そこでは「取り井戸」として普通の井戸のように使っていた。また農村部では、昭和三〇年代まで、地域の水場では汚染物を流さず清浄に保つ工夫がなされ、浄化しなくてもそのまま飲み水に使

写真 1-1-5　橋板まわりの水利用の仕組み。昭和 30 年代の琵琶湖岸
（沖島、前野隆資撮影、琵琶湖博物館所蔵）

えるほどだった。

今でも針江のカバタが有名だが、湧水や地下水も地域ごとに活用されていた。地域の表流水が利用できたということは、地域社会による管理が行き届いていたことを意味する。上流部から下流部に汚れものを流さないというルールが共有され、用水を通して信頼関係が育まれていたのだ。

農業用の水路は、集落のなかでは「里川」や「里中川」「使い川」と呼ばれ、集落独自の知恵と工夫で清浄に保たれていた。これらの川ではフナやコイなどの小魚類が泳ぎ、初夏にはホタルが顔にあたるくらい飛び交い、生き物がいっぱいだった。また川の水には神さまがいると信じられ、川に汚水を流すことなどは強く戒められていた。水の流れや生き物の生存状況を見て、利用しながら管理するという自律的管理が地域社会に内在し、それに根ざした共感的世界が生きていたのである。

さらに、台所からの排水や人間のし尿を「養い水」や「下肥」として利用する物質循環システムも工夫されていた。人間のし尿は小便と大便に分け、小便は野菜畑に、大便は米作や小麦作などに活用されていた。琵琶湖辺の大きな町、たと

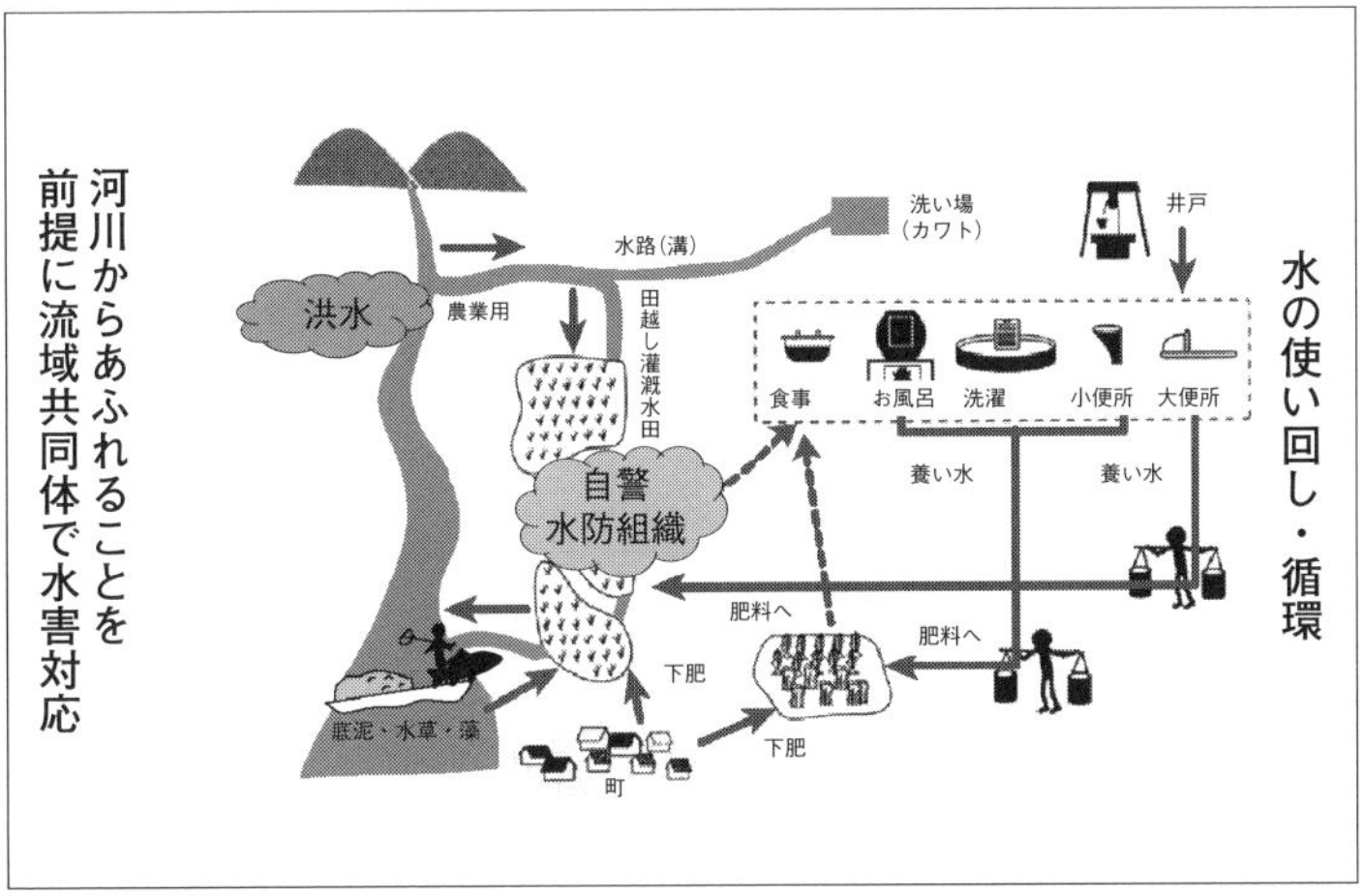

図 1-1-1 「近い水」の循環型仕組み（江戸時代から昭和 30 年代まで）
出所）嘉田由紀子『環境社会学』岩波書店、2002 年、15 頁。

えば大津には、対岸の野菜作農村である草津の新浜や下物から、舟で肥集めに来ていた。長浜の町の下肥は南部の世継という野菜村に供給されていた。このようなリンや窒素などの有機物を地域内部で循環させる「使い回し文化」は、琵琶湖や河川の汚染を防いでいた。こうした仕組みを私たちは「伝統的用排水システム」と名づけた*4(図1-1-1)。

6 洪水への対応は地域自主組織で

琵琶湖辺の地域社会は、生活用水の活用もでき、漁業資源も豊富で、暮らしの場としては有利といえよう。しかし江戸時代の村記録などを見ると、「水込み」で悩まされた地域の多かったことが分かる。

琵琶湖には、大きな川だけでも一〇〇本を越える川が、水路などを入れると四〇〇本近くの川が流れ込む。しかし自然の出口は瀬田川だけだ。それゆえ琵琶湖辺では古来より湖の水位が上がる「水込み」に悩まされてきた。湖水の上昇はゆるやかで、河川の堤防が破堤するような暴力的水害が起こるわけではない。しかし、いったん上がった水位はなかなか下がらず、洪水が長期間続くことになる。

江戸時代の湖辺地域の古文書を分析したところ「水腐れ引高」という水害被災地の年貢を減免する記録が三年に一度の割合で見られた(写真1-1-6)。それほど頻繁に水害が起きていたことが分かる。江戸時代の年貢は「年貢村請制度」といって、村全体でまとめて支払っていた。このような水害時

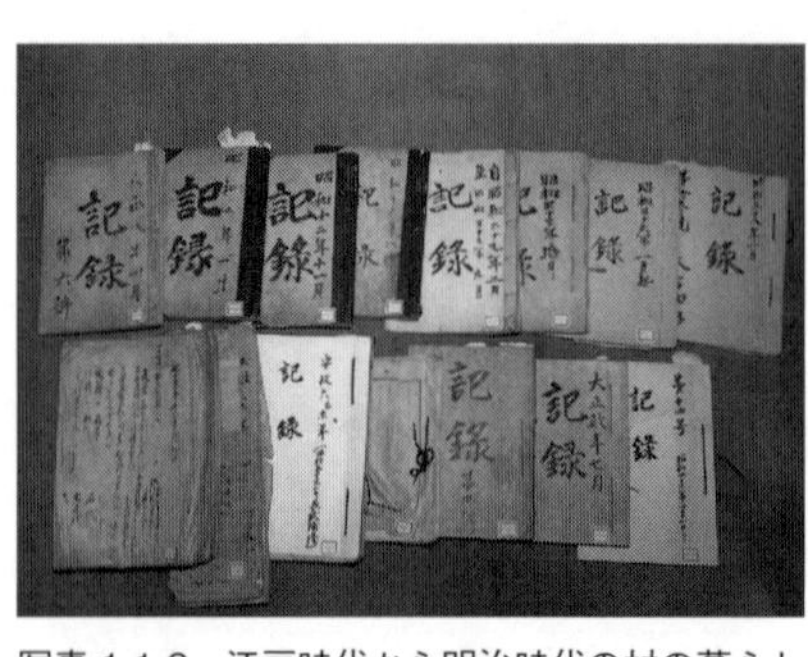

写真 1-1-6 江戸時代から明治時代の村の暮らしぶりを記録した村日記(高島市マキノ町知内村にて。嘉田由紀子撮影)

には被災農家の負担が軽減され、まさに村落社会が相互扶助の組織として機能していた。

また湖辺の川が多い村では、「河川委員」などを整備していた。そして大雨のときには河川や堤防の見回りをし、いざ堤防が危なくなると村中の人たちを集めて土嚢を積んだりして堤防を守り、同時に子どもや高齢者を上流の村に逃がすなどの避難体制もつくっていた。また、いざ河川があふれ堤防が崩れたときの堤防の補強や修理、水が引いた後の水田の砂出し作業なども、村全体で共同作業として行った。まさに村は、土地を守り、水を確保し、漁業権を守り、人びとの生活全体を守る自治組織であった。

7 「自然共生型」社会システムの母体

中世の惣村自治の伝統を引き継ぎ、江戸時代に約一六〇〇あった滋賀県内の村落共同体は、森林と農地と水を守り、神社を守る、地域環境管理の母体であった。また、お寺を中心とした人の管理、いわば戸籍の母体も村落だった。明治維新後、中央政府は、地租改正で土地の管理を行い、戸籍制度の整備で人の管理を行い、地方制度を近代化した。長い議論を経て、明治二二年（一八八九）の市政町村制で、江戸時代の村落共同体は、土地や水を所有する権限を奪われ、制度外の存在である「大字」とされた。滋賀県内に一六〇〇以上あった村落共同体は、約二六〇に減少し、主に小学校をつくる母体である「行政村」となった。しかし、人びとの生活基盤としての村落共同体のまとまりは、その後も継続されていく。実態としての村落共同体は「大字」や「部落会」「町内会」として残り、地域環境保全の主体的組織であり続けた。

昭和三〇年前後にはさらに中学校区をつくるために合併が進められ、滋賀県は五二市町村になり、さらに平成に入ると一三市六町へと合併になった。しかし、土地や水、生き物の自主的な管理は今でも江戸時代から続く村落共同体組織が担っている場合が多い。

第二部でくわしく紹介される、東近江市における「自然共生型持続可能社会」の地域社会的素地は、まさに今も継承されている自律的な村落共同体だといえる。

次章でくわしく見るように、明治以降の近代化のなかで、地域の自然環境や生態系に寄り添った「近い」循環型システムは、「遅れた」「古臭い」「凌駕すべき」「封建的」といわれ、拒否され、忘れ去られようとしてきた。集落による自律的な伝統的用水利用システムは、行政による上下水道技術により「遠い水」へと改変された。用水と排水が兼用の再利用システムを含んだ節水型農業用水システムも、「前近代的」「古臭い」と排除され、用水路と排水路が分離され、多量の用水を必要とする近代的農業システムに変換された。

自給食糧にかわって購入食糧が増大し、地域用材は外材に変わり、薪炭などの地域燃料は燃料革命を経て輸入された石油やガスに取って代わられ、遠隔地から届く原子力エネルギーへと変わってきた。ここには、「近い食」が「遠い食」へ、「近い森」が「遠い森」へ、「近いエネルギー」が「遠いエネルギー」へと変換されていくプロセスが見える。ここに隠された社会システムは、需要と供給を分離する「市場化」のシステムであり、法令と租税・財政のなかでち密化される「行政管理化」のシステムである。生活者にとって、生活資材の供給も生活環境の整備も外部依存性が高まり、当事者性を失い、他者性が増してくる。

しかし資源管理を任されたはずの行政当局は、近代的専門化の過程で縦割り組織となり、総合的な当事者性を担保できなくなってきた。そのなかで環境問題が先鋭化していく。次章では、明治以降の日本と琵琶湖周辺で起きた「遠い水」の拡大プロセスをたどり、環境問題がいかに発生・拡大していったのかを見ていきたい。そして、第二部へのつなぎとしたい。

（嘉田由紀子）

注

＊1　石毛直道／ケネス＝ラドル『漁醤とナレズシの研究――モンスーン・アジアの食事文化』岩波書店、一九九〇年。

＊2　鳥越皓之・嘉田由紀子『水と人の環境史――琵琶湖報告書』御茶の水書房、一九八四年。

＊3　伊賀敏郎『滋賀県漁業史』滋賀県漁業協同組合連合会、一九五四年。

＊4　嘉田由紀子『環境社会学』岩波書店、二〇〇二年。

第2章　琵琶湖政策の歴史
近代化における縦割り行政の拡大

1　琵琶湖政策の一二〇年

明治維新以来、日本社会は欧米の産業化・工業化を見習って、まず土地と水、森林を管理・制御するために全国に通用する法律制度を編み出してきた。その上で各種の社会資本整備を行いながら近代工業を興し、狭い国土を高密度に利用するち密な社会システムをつくりあげてきた。その国土政策の基本は、土地と水を、どのような社会的主体が「所有」「利用」し「維持管理」するかという、「水土の管理政策」にある。

前章で述べたとおり、もともと江戸時代に日本の水と土地、森林、漁業資源を管理してきたのは村落共同体である。地理的領域を確定して、その内部を総合管理する、まさに「まるごとのテリトリー管理者」が村落共同体であった。明治以降は、近代行政機関が、「河川」「農地」「森林」「漁場」など細分化した領域の縦割り部局として管理することになる。河川政策においては明治二九年（一八九六）に「河川法」、農業水利と農耕地政策においては明治三二年（一八九九）に「耕地整理法」、明治四一年（一九〇八）に「水利組合法」、また山林においては明治三〇年（一八九七）に「砂防法」と「森林法」が整備され、近代治水制度が整った。そして明治三四年（一九〇一）

に「漁業法」が整備される。

図1-2-1は、明治維新以降、琵琶湖・淀川水系と国レベルでどのような環境政策がなされてきたのか、年表形式にまとめたものである。環境政策はそれぞれの時代の社会的課題を反映しており、さらにそこには時代の価値観も見え隠れしている。時代の価値観は、そこにただ「存在」するのではなく、社会的大状況のなかで人びとの生活ニーズをふまえながら行政制度的に組み立て創造される「社会的存在」である。それは、その時代において「大義名分」となり、広い意味での「公共性」の論拠となる。

明治時代以降の環境政策に見られる「公共性」の論理は、明治時代における、洪水や水系伝染病に対する生活の「安全性」確保から始まった。その後、工業化と都市化が進むなかで、電力開発や資源としての水利用の開発が進んだ。ここでは「生産性と効率性」という公共性が提示された。そして戦後は、都市的生活様式の普及に伴い、上下水

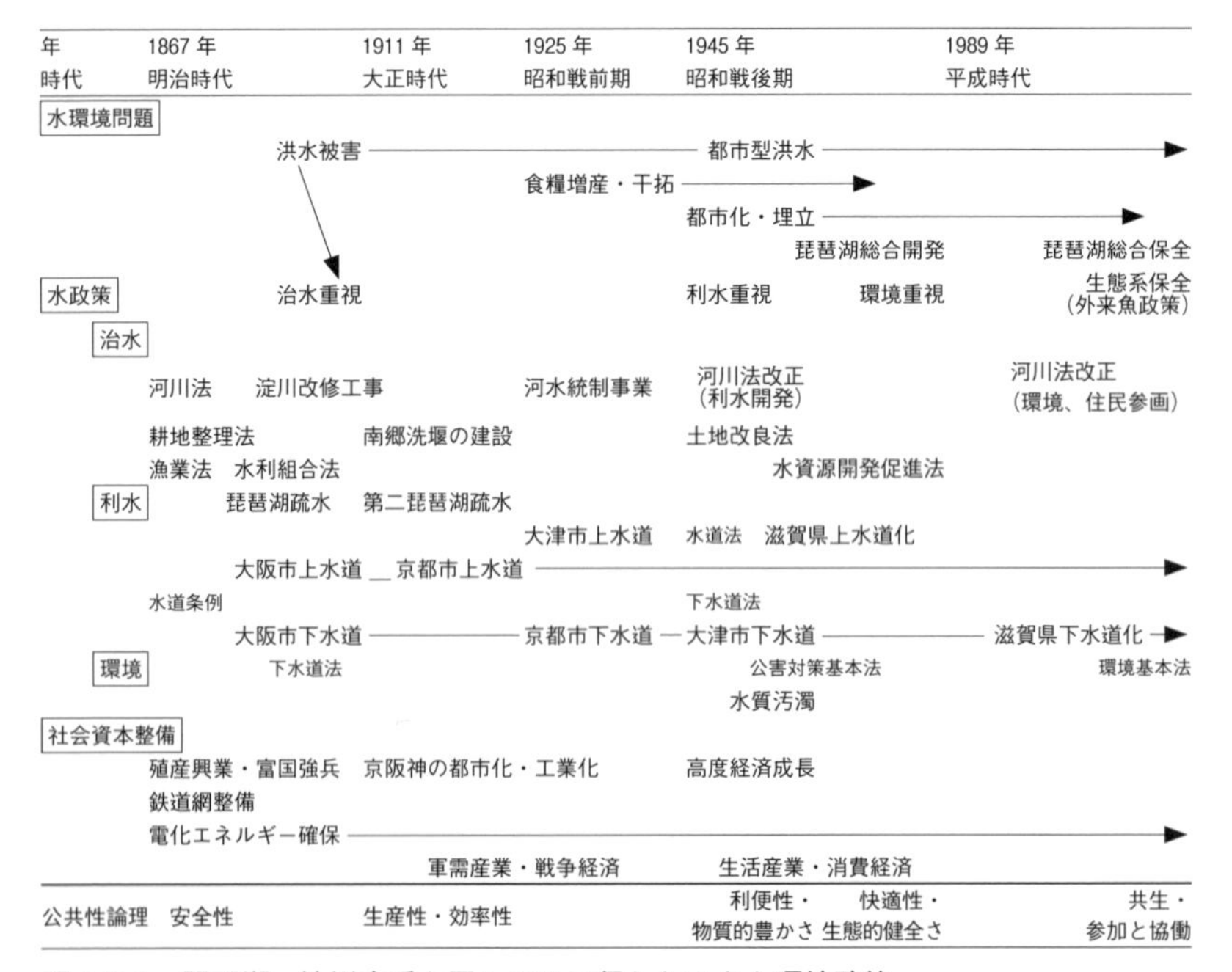

図 1-2-1　琵琶湖・淀川水系と国レベルで行われてきた環境政策

道の施設化が進んだ。ここで求められたのは「利便性と物質的豊かさ」だった。それと並行して工場排水や生活排水による河川や水域の汚染が問題となりはじめた。

この時点で、水質保全や水辺の景観保全とあわせて、「快適性」と「生態的健全さ」という論理が組み立てられる。そして近年になり、人と自然の「共生」、いわゆる現代的な意味での「環境保全」が問題とされ、さまざまな社会的主体間の「参加と協働」が強調されるようになる。同時にモノだけに頼らない「真の豊かさとは」という成熟社会特有の新たな問題が提起されてくる。

それでは次に、琵琶湖政策の展開とそれぞれの時代における環境行政の課題をたどってみよう。

2　明治時代の琵琶湖政策の柱は洪水防御

明治時代の琵琶湖・淀川水系において、住民と行政いずれにとっても最大の関心事は洪水防御であった。琵琶湖や淀川などの大河川では明治中頃より大洪水が頻繁に起きた。琵琶湖辺で見ると、明治一七年（一八八四）、明治一八年（一八八五）、明治二二年（一八八九）と、湖水の溢水被害が起こり、明治二九年（一八九六）には四メートル近くまで水位が上昇し大きな被害をもたらした。

洪水は都市的生活にとっては致命的な被害をもたらす。明治一八年（一八八五）に起きた大阪市内の大洪水を機に、治水政策の法律を整えようという運動が大阪府を中心に起こり、その結果、明治二九年（一八九六）に、日本で最初の河川法が制定された。河川法は、河川工事に国費を投入する後ろ盾の法律となるが、あわせて、近代的な河川改修技術の導入の契機ともなった。明治二九年（一八九六）に起こった未曾有の琵琶湖水害により、琵琶湖・淀川の河川改修の動きは活発化し、明治三八年（一九〇五）には琵琶湖唯一の自然の出口である瀬田川に水位制御の南郷洗堰がつくられた。瀬田川の下流に位置する淀川沿岸の枚方や寝屋川なども、江戸時代から水害に悩まされており、下流の水害防除のため淀川改修工事も着手された。

琵琶湖の生物にとって、南郷洗堰の建設は大きな影響があった。それまで琵琶湖と大阪湾との間を行き来していたウナギやアユなどは移動が阻止されたからだ。滋賀県では、南郷洗堰の完成後、漁獲量の減少を避ける目的でウナギなどの放流事業を進め、水産増殖事業を開始した。

このときの河川法の基本精神は、洪水をいかに防止し、「安全性」を確保するかということであり、「治水」が中心となっている。河床を掘り下げ、できるだけ多くの水を素早く下流に流し、同時に河川を堤防で囲み、河川に水を閉じ込めて水害を防ぐという近代土木工事による「河道閉じ込め型」管理方式がとられる。それまでの河川改修は、舟運などの役割もあり、できるだけ水位を高く保ちながら、堤防には霞堤防などもつくり、洪水は水田や沼や湿地などの遊水池機能を持った土地で対応するという「流域対応型」であった。流域対応型が、いわば洪水を人間社会が受け止める「共感型」であるとするなら、河道閉じ込め型は、洪水の力（自然）を人間の力で押さえ込もうという「制御型」といえるだろう。

このような近代土木工事の導入は、当時のお雇い外国人や、学者や官僚の海外留学による河川工学の知識導入により遂行された。それまで「水」を量として数量化するという思考のなかった土木工事のなかで、水量計算という科学知が導入されることになる。

3　琵琶湖疏水と下流都市への貢献

明治時代の琵琶湖政策を考える上で忘れられないのが、琵琶湖疏水の開削である。京都は鴨川などの河川流量が少なく、豊富な水溜まりがほとんどなかった。明治二三年（一八九〇）に疏水の一期工事が完成し、日本最初の水力発電所が建設され、京都市内を市電が走った。明治四五年（一九一二）には、琵琶湖第二疏水が開削され、京都市内で上水道の供用が始まった。鴨川の水量が平均毎秒一トンであるところに、琵琶湖疏水から毎秒二三・五トンもの水が京都市内に供給され、京都における水利用は大きく進展した。

京都東山の庭園群に疏水の水が大量に取り入れられ、「池泉回遊式」の日本庭園が生み出された。それまで聖護院大根の畑があった岡崎に平安神宮の神苑が完成したのも、琵琶湖疏水の水あればこそであった。同時に、明治二〇年代から夷川の舟溜りでボートや日本泳法の水泳が始まった。「琵琶湖周航の歌」で知られる三高（京都大学の前身）のボート部も、疏水舟溜りのボート部から始まった。今も水泳指導の拠点として有名な、特に日本泳法を推進している踏水会も、疏水あればこそだった。近年になって水球やシンクロが京都踏水会を中心に広まっていった背景には、琵琶湖疏水があったのだ。

一方、大阪では、琵琶湖の下流の淀川から直接飲用水を汲み、水売りを通して町中に供給していたが、明治二八年（一八九五）に近代水道がひかれた。大阪市に近代水道を敷設させることになった最も大きなきっかけは、コレラを中心とする水系伝染病の拡大である。明治二八年に五〇万人ほどだった大阪市の給水人口は、昭和一〇年代には五倍以上になった。昭和一〇年代にはさらなる人口増加と工場用水の需要増大が見込まれ、生産性の向上をねらいとして河水統制事業が計画された。河水統制事業は、流域における上下流連携の水政策を企画し、戦後の琵琶湖総合開発の先駆けとなるものであった。

ところで明治時代以降、都市の下水道についてはどのような動きがあったのか。近代下水道の発祥地といわれるヨーロッパにおいて、下水道の目的は、雨水を排除し都市を衛生的に保つことであった。つまり、排水が流れ出す河川や海、湖などの水質保全は目的ではなかった。それゆえ初期の下水道は排水管のみで、終末処理場を持たなかった。日本では、明治三三年（一九〇〇）に下水道法が制定され、近代下水道行政が始まった。ここでも基本的な思想は雨水排除と衛生確保である。大阪で最初に近代下水道の供用が開始されたのは明治二七年（一八九四）、京都は昭和九年（一九三四）であった。

4　高度経済成長期を象徴する琵琶湖総合開発

第二次世界大戦中から大戦後に行われた政策のなかで琵琶湖に最大の影響を与えたのは、内湖の干拓であろう。食糧不足を解消するために水田の増大を目指して、まずは彦根の松原内湖や米原の入江内湖などで干拓が進められた。最大の内湖であった大中の湖が干拓され、農業生産が始まったのは昭和四〇年代だった。しかし、そのときすでに米余りの兆候が見られ、米づくり面積を制限する稲作転換政策が準備されていた。

干拓により明治時代と比べて内湖面積の八六％が陸地に変わった。在来魚介類の産卵場の喪失の影響は大変大きかった。また、内湖が、上流から流れてきた土砂や栄養分などをいったん受け止め、琵琶湖本湖への水質汚濁の影響を緩和するクッションの役割を果たしていたことが、後になって明らかになった（第三章参照）。内湖がいかに重要な役割を果たしていたかが、干拓や埋立の後に社会問題化されたのだった。

昭和三〇年（一九五五）代から昭和五〇年（一九七五）代は、琵琶湖周辺や近畿圏だけでなく、まさに日本中が大きく変わった高度経済成長期であった。大阪市近郊の都市化が進み、阪神間でも農地の多くが住宅地に開発された。さらに山を削り海辺に埋立地をつくる動きが加速化する。この間に水にかかわる生活様式も大きく変化した。電気洗濯機や家庭風呂などが急速に普及し、水需要がはねあがった。一人あたりの水使用量は、明治時代には一日一〇〇リットル前後だったものが、昭和三〇年代には三〇〇リットルへと拡大した。

この時代の公共性の論理は「利便性」の確保と「物質的豊かさ」であり、水を大量に使用することが豊かさの象徴ともなった。しかし水の使用量が増えることは排水が増えることでもある。水の使い捨て時代になったのである。そこに水質をめぐる「環境問題」が生まれてくる社会的素地があった。

未曾有の高度経済成長を迎え、昭和三六年（一九六一）に、水資源開発促進法と水資源開発公団法という、いわゆる「水資源開発二法」が制定され、電力と都市用水、工業用水などの水資源開発が重要な国土政策となっていく。現代的な意味での「公共事業」の拡大である。あわせて、昭和二〇年代から三〇年代にかけて頻発した水害に対処するための治水も重要な水政策となり、多目的ダムが各地に計画される。昭和三九年（一九六四）には河川法が改正され、それまでの「治水」に「利水」という目的が加えられる。

5　「遠い水」による河川管理の完成

自然に降る雨の量が変わらない条件下において、水資源開発とは何か。それは、水の貯留施設としてのダム建設と、社会的に水利権を生み出していく制度的転換を両輪とする。明治期以降に導入された、数値化による科学的知識をち密に応用した結果、水資源管理が可能となったのだ。

ダム計画においては、治水や利水、電力開発などの水量別計算がなされ、それに従った費用分担の原則がつくりだされ、制度化された。治水においては、「基本高水」という水害防除のために目標とされる「処理すべき水量」が示され、現存河川で流しきれない水量をダムが分担する、というストーリーのなかでダム建設が正当化されてきた。河川工学的知識と技術による施設整備と水利権の数量的な確保が、水資源開発の柱となったのである。それまでの村落共同体を基盤とする地域社会が管理をしてきた慣行水利権は、「不合理で前近代的」というレッテルを貼られた。そして取水施設の統合が図られ、農業用水も許可水利権として建設省が支配する中央管理に組み込まれた（図1-2-2）。

こうして取水地点が地理的に遠方になり、「遠い水」がダムにより供給されるようになった。社会的にも、国や県などによる行政管理が進み、地域住民や自治体は口も手も出せない「社会的に遠い水」の体制がつくりだされた。社会的に遠くなったことで、水は心理的にも遠くなり、人びとの川や水への関心は次第に薄れていった。人びとの川ばなれ、水ばなれが進み、住民は単なる水の消費者と位置づけられるようになった。こうして精神的な意味においても自然と人との乖離が広がる。

昭和四七年（一九七二）から始まった琵琶湖総合開発は、兵庫県と神戸市、大阪府、大阪市の水利権量の増大を目的としていた。枚方地点でのプラス毎秒四〇トンの水利権の確保をねらいに、琵琶湖の水位の変動幅を大きくし、平常水位の上に一・四メートル、下に一・五メートル、合計二・九メートルという「開発水量」が生み出された。平常水位で六五〇平方キロメートルの面積における二・九メートルの開発水量とは、たとえば日本最大の徳山ダム（六億六千万トン）の三個分にものぼる巨大水量である。つまり自然の湖である琵琶湖を人工的な堤防（湖岸堤防）と水門で閉じ込め、多目的ダムとすることが、琵琶

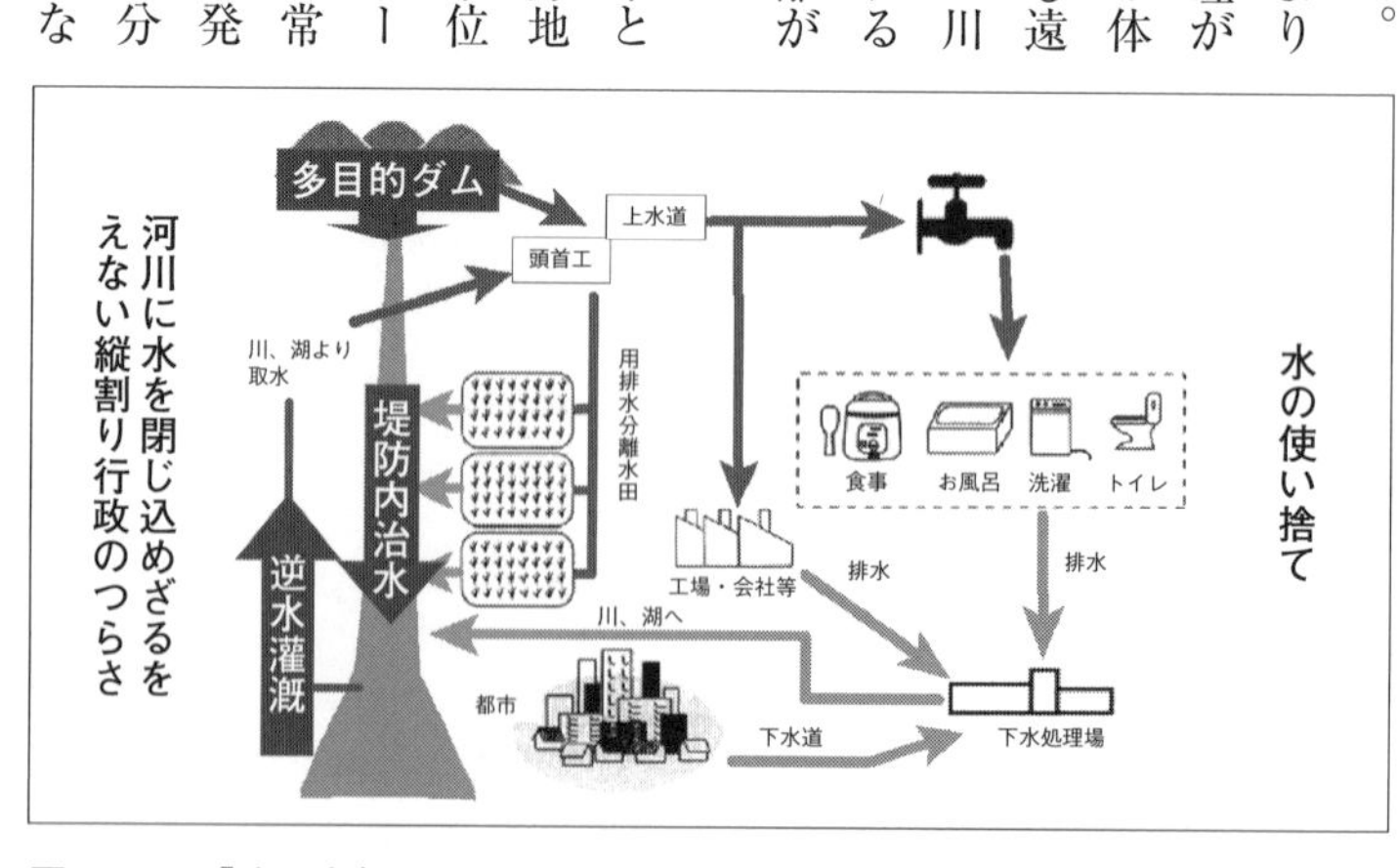

図 1-2-2 「遠い水」による水系閉じ込め型水システムの完成
出所）嘉田由紀子『環境社会学』岩波書店、2002 年、15 頁。

湖総合開発のねらいであった。

この琵琶湖総合開発が計画された昭和三〇年代から四〇年代における琵琶湖周辺の社会状況は、どうだったのか。

6　琵琶湖総合開発がはらむ環境問題

昭和三〇年代に入って、琵琶湖辺の各地で生活改善運動などが起こった。また、農薬や農業機械の利用が進み、セタシジミの農薬被害や水の汚染問題が出てきた。琵琶湖周辺での近代水道の導入は、自然環境の変化と、人びとの生活意識や生活様式の変化とがあいまって進んだ。このようななかで琵琶湖をダム化して下流の水需要増大に応えるという計画は、琵琶湖辺ではなかなか合意が得られなかった。特に水位低下により琵琶湖での漁業や湖辺の水利用、船の運行などに大きな被害が出ると予想された。そこで滋賀県当局は、上流にもそれなりの利益が必要だという「上下流均てん論」を主張した。こうして最終的にまとまったのが、昭和四七年（一九七二）に始まる琵琶湖総合開発である。下流のための水資源開発と同時に、滋賀県全域の産業化や地域生活の都市化のための開発事業をセットにするというのが、琵琶湖総合開発の「総合」の意味であり、単なる水資源開発ではないのである。

総合開発には、滋賀県周辺の「利水」「治水」「環境保全」がセットで組み込まれた。予算額を事業別に見ると、最大の事業は地域開発を含んだ「保全」であり、そのなかでも最大は下水道計画であった。利水においては農業用の土地改良が最も大きい。こうして琵琶湖総合開発事業の用水供給事業により、昭和五〇年代以降、琵琶湖から離れた遠隔地に琵琶湖水が供給されるようになった。昭和五〇年（一九七五）当時の滋賀県内の琵琶湖水依存人口は九九万人で、県人口の約八〇％を占めた。前章で述べたように、それまで自家の井戸や地域社会のため池や川水など「近い水」を使っていた人びとに、県営の琵琶湖水という「遠い水」が供給されることになる。また、土地改良事業により農業用水も琵琶湖水の汲み上げが可能となった。さらに、昭和三〇年代まで地域社会で再利用されていた家庭排水やし尿が、下水道や浄化槽により、水域に流れ出るようになる。つまり、下水は琵琶湖に流し、上水も琵琶湖からとるという内部矛盾を含んだ構造ができあがったのである。滋賀県民にとって琵琶湖の意味は大きく変わり、琵琶湖の環境問題は複雑さを増した。

琵琶湖総合開発により、関西地域では、水供給量が増え、渇水時でも厳しい取水制限をしなくて済むような水利用構造ができあがった。また琵琶湖への治水容量の確保は下流の水害のリスクを大きく減らした。琵琶湖総合開発が完成し、上流も下流もねらいをすべて達成したことになる。一方で琵琶湖総合開発は、琵琶湖環境に対して決定的な影響を遺した。四点から振り返ってみよう。

一点目は、琵琶湖総合開発時代に計画された「多目的ダム」である丹生ダムや大戸川ダム計画による、地域社会や地域環境そして地方財政への影響である。いずれも、最初は利水・治水を含む多目的ダムとして計画されたが、高度経済成長期に計画通りに水需要が伸びず、利水機能は目的からはずされた。しかし、ダム計画そのものの見直しにはならず、計画地にあった集落は全村移住となり、地域社会が大きく破壊された。

丹生ダムについては、ダム効果を享受するはずの下流の大阪府市や兵庫県が本体工事の必要性をめぐって懸念を示し、平成二六年（二〇一四）に国は計画中止を表明した。しかし、ダム建設用に買収された土地や森林、道路の活用について今後の方向が見えていない。大戸川ダムについては、平成二〇年（二〇〇八）に、これもダム建設の効果を享受するといわれる京都府や大阪府が滋賀県ともどもその効果に疑問を持ち、財政負担を拒否。ダム建設凍結の意思を示し、本体工事には入っていない。しかし、平成二八年（二〇一六）、国は大戸川ダム建設の基本建設方針は変えていないと表明した。

二点目は、琵琶湖のダム化に伴う湖岸堤防や水門建設のために、湖岸域のヨシ帯やクリーク、水田や内湖などを破壊し、陸域と水域を徹底的に分離したことである。琵琶湖に生息してきた五十数種類の魚類には、ビワコオオナマズも含めて、沖合で産卵する種はいない。すべての種が湖岸域のヨシ帯やクリーク、水田などで産卵してきたが、その産卵場が物理的に奪われ、魚類の生息環境を大きく破壊してしまった。

三点目は、琵琶湖総合開発の結果、平成四年（一九九二）に決められた水位操作規則による、琵琶湖の在来魚類への影響が大きくなっていることである。多目的ダム化をねらった琵琶湖総合開発では、利水と治水という機能強化のために、梅雨時期から台風時期には、琵琶湖水位を大幅に下げて、治水容量を確保することが決められた。梅雨時期の六月一五日から八月三一日まではマイナス二〇センチ、台風時期の九月一日から一〇月一五日まではマイナス三〇センチで、その後、冬季はプラス三〇センチと高い水位基準を決めた。

本来、梅雨時期にはコイやフナ、モロコなどの暖水生といわれるコイ科魚類が、梅雨による水位上昇をめがけてヨシ帯や水路、水田で産卵をしていた。これらの魚類にとっては遺伝子的に決められた産卵行動であり、何万年もそのような行動をしてきたはずである。それが平成四年以降、急激に人工的な水位操作がなされたため、産卵しても卵が干上がり、次世代を残すことができなくなってしまった。台風時期の九月から一〇月は、冷水性といわれるアユやビワマスの産卵時期である。この時期も水位はマイナス三〇センチで、アユやビワマスも産卵条件の劣化という影響を受けている。

アユの産卵については、水位低下の影響の大きさを予測して、安曇川と姉川河口部に人工河川をつくり、秋口の水位低下時でも産卵ができる施設を建設してきた。しかし、それもたった二ヶ所で、もともとあったアユの産卵場は大きく破壊されてしまった。また、遺伝的多様性も失われてしまったのではないかという懸念も出されている。これらの影響のせいか、在来魚介類の漁獲高は大幅に減少している。

もちろん、在来魚介類の漁獲高の減少については、水質やプランクトン組成の変化、富栄養化による底泥の変化、さらに温暖化による深い湖底部の変化なども影響していると推測される。しかし、琵琶湖総合開発による物理的改変は直接的に大きな影響を与えたと指摘できよう。

琵琶湖総合開発は、当初一〇年計画であったのものが一〇年延長となり、さらに五年延長となって、平成九年（一九九七）に完了した。総事業費は二兆二千億円を超える大事業になった。治水と利水のねらいはほぼ達成されたが、保全に関しては問題がますます複雑になっている。

四点目の問題として、水質保全対策として六千億円余りの巨額を投じた下水道の問題がある。確かに下水道普及率が上昇するにつれて、河川の水質は改善されつつある。排水をすべてバイパスして琵琶湖辺の処理場へ運ぶという仕組みのなかで、河川の水質改善効果が見られるのは当然といえよう。一方で、下水処理水を湖辺に集めて琵琶湖に直接流すことで、下水処理場が新たな問題となっているという指摘も出始めた。確かに、分解されやすいＢＯＤ（生物化学的酸素要求量）についての水質改善は見られるが、難分解性のＣＯＤ（化学的酸素要求批）については悪化の傾向さえ見える。このＣＯＤ増大の原因の一つに下水処理水があるという研究結果も出されている。今後の大きな課題である。

7　多面的価値を包み込んだ環境政策を

本章では、明治維新から現在までの一五〇年間に、琵琶湖をめぐる環境政策がどのように展開してきたのか、政策形成の公共性の論理がいかに社会的に組み立てられてきたのか、それぞれの時代の政策過程を振り返りながら、その問題点を、環境政策をつくりあげてきた「知と価値観」のあり方とかかわらせて提示した。そして今、私たちは、水とかかわる新しい公共性をいかなる論理と「新しい知と価値観」のもとにつくりあげることができるのか、将来の実践に向けての提案をさせていただきたい。

環境の持つ価値は本来、多面的だ。たとえば水について考えてみよう。飲み水としての「使用価値」は、モノとしての価値に根差している。その水のなかに生きる生き物は、それが食用など人間の役に立たなくても、存在そのものに価値がある。生物多様性の根本をなす価値といえる。水にはいわば「存在価値」が隠されているのである。そして私たちは水と触れあうことで癒しやなごみ、なぐさみを感じることができる。水がつくりだす風景に感動することもある。これはいわば「ふれあい価値」といえるものである。

近代化以前の、たとえば村落社会が水と大地を総合的に管理していた時代には、水の「使用価値」や「存在価値」「ふれあい価値」は、不可分のものとしてトータルに、生活のなかに位置づけられ意味づけられていた。本章で見てきたように、近代的な行政組織のもとでは、利水用の水は使用価値として数量化され、そこに生きる生き物の存在価値とは切り離されてきた。近代化の過程では水資源の価値、つまり使用価値ばかりが強調されてきたといえる。しかし、いうまでもなく、水は生き物を育て、存在そのものが価値を持つ。そしてふれあい価値は、近代化のなかで逆に高まっている。

ここで問題とする知を、改めて「制御する知」と「共感を育む知」と名づけよう。「制御する知」とは、自然の現象を個別部分に分解し、要素還元し、数量化し、計算可能な対象へと分析していく「科学的知識」を下敷きとしている。対象を制御したいという人間の社会的欲求を組み込んだ知識・技術体系である。琵琶湖の人工的な水位操作は、まさに「制御する知」の典型といえる。また「制御する知」には、土木工学的な技術と合わせて法律などの制度化も含まれる。

それに対して「共感を育む知」とは、自然の現象をまるごとあるがままに理解し、そこに生きる生き物や人びとどの情報のやりとりという「対話の回路」を活性化させるプロセスを含む。そこでは「生活的知識」を下敷きとして、自然を制御しきれない、いわば「おりあっていく」対象として見る。そして、おりあいのプロセスを法制度のような画一的な社会秩序に求めるのではなく、関係主体の「対話」による合意形成の場を育てていこうとする知である。ここには、環境の多面的価値、たとえば「使用価値」や「存在価値」「ふれあい価値」などをトータルに求める価値観が隠されているともいえるだろう。そこでは、人びとの「精神のあり方」や心のあり方にまで踏み込むことが可能となる。

水と人間のかかわりを「総合的」なものにし、世代を超えた「公共性」を確保するには、「制御する知」も「共感を育む知」のいずれもが必要である。日本の近代化のなかでは「制御する知」のみが公共性の論理として強調され政策化されてきたことが、問題なのである。

明治以降の近代化のなかで縦割り行政が進展してきたが、今こそ、総合的で多面的な視点が求められている（図1-2-3）。研究の場でもそのような時代になっていることを、次の章で見ていこう。

（嘉田由紀子）

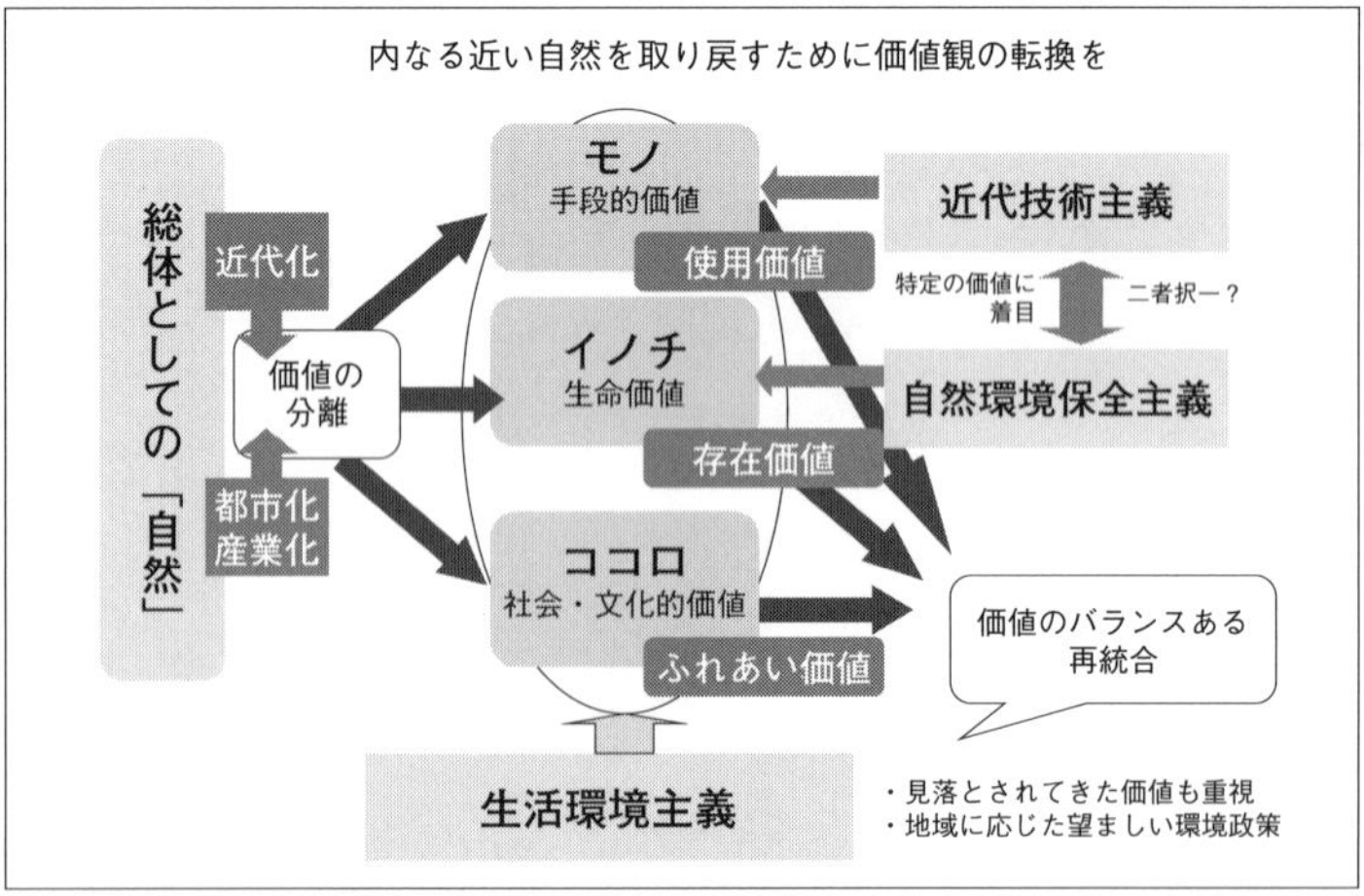

内なる近い自然を取り戻すために価値観の転換を
総体としての「自然」
近代化
価値の分離
都市化
産業化
モノ
手段的価値
使用価値
イノチ
生命価値
存在価値
ココロ
社会・文化的価値
ふれあい価値
近代技術主義
特定の価値に着目
二者択一？
自然環境保全主義
価値のバランスある再統合
生活環境主義
・見落とされてきた価値も重視
・地域に応じた望ましい環境政策

図1-2-3　価値論的にみた環境の多面的意味

出所）嘉田由紀子作成。

第3章　琵琶湖の科学研究の発展

総合化への一〇〇年

1　京大臨湖実験所から始まった近代的琵琶湖研究

琵琶湖に近代科学の目が注がれた契機は、大正三年（一九一四）の京都帝国大学付属大津臨湖実験所の創設だろう（写真1-3-1）。東京帝国大学を卒業した川村多實二を中心として、大津市観音寺の琵琶湖疏水入口付近に大津臨湖実験所が開設されたのは、基礎生物学のフィールド研究が目的であった。川村は初代の研究所員として琵琶湖の淡水生物の研究を極め、大正七年（一九一八）には『日本淡水生物学』上下巻を出版した。

ところで「陸水」という言葉は、海水を除く湖水や河水、地下水などの総称を示すが、川村が提唱した造語であり、これ以降、琵琶湖は日本の陸水学のメッカとなり、淡水動物だけでなく水草などの研究も進んだ。採集用ボートは「かもめ」と名づけられ、モーターを備え、帆柱を立ててヨットとして帆走することもできた。昭和一〇年代から三〇年代にかけて、臨湖実験所では、上野益三や宮地伝三郎、森主一、山本孝吉、山口久直、根来健一郎、堀江正治、三浦泰蔵など、日本の陸水学の研究の主力研究者が育った。この当時の研究データ、特にプランクトン組成や水草の分布に関するデータは、現在の琵琶湖生態系との比較のために貴重な資料となっている。

たとえば、現在の水草の状態を評価するには基準が必要になる。琵琶湖博物館の芳賀裕樹は、人による環境改変の影響が最も小さいと見られる昭和一一年（一九三六）の山口久直による調査結果（三九〇〇トン）を基準とすると、平成に入ってから（二〇〇二年、二〇〇七年）の水草はその二・五倍にもなり、異常に多いと分析している。

昭和三〇年代に京大臨湖実験所が果たした最大の役割といえば、昭和三七年（一九六二）に始まった「びわこ生物資源調査団（略称ＢＳＴ）」である。日本の高度経済成長に合わせて関西における利水・治水機能を高めるために、琵琶湖総合開発計画が昭和三〇年代に持ち上がった。前章で解説した通りである。当時の建設省は、琵琶湖の北湖と南湖を切り離す北湖利用案など、かなり大規模な土木事業を含む計画を出そうとした。そのときに、予防的調査としてなされたのが「びわこ生物資源調査団」だ。京大理学部の宮地伝三郎教授をリーダーに、森主一や川那部浩哉、三浦泰蔵など、アユやセタシジミなど生物関係の研究者が中心だったが、水産経済学の倉田亨や文化人類学の米山俊直など、文化系のメンバーも呼び込み、まさに総合的調査を目指したものだった。この点において、それまでの臨湖実験所のフレームをはるかに超える、大規模で、今でいう学際的な調査団だった。

写真 1-3-1　建設直後、大正初期の京都帝国大学付属大津臨湖実験所（京都大学生態学研究センター提供）

ただ残念ながら、この調査団の報告は分野別で、全体をとりまとめたものがない。建設省が南北切断の開発案を取り下げたため全体報告をまとめる必要がなくなったからと、当時の関係者は証言する。しかしたとえば、当時、事務局的な役割をしていた川那部浩哉によると、琵琶湖全体におけるニゴロブナの産卵推計量の半分ほどは早崎内湖であるというデータを出し、早崎内湖の干拓・水田化はニゴロブナの生息条件にとって致命的な影響があると指摘したという。また後述するように、昭和五〇年代に入って琵琶湖に赤潮が発生したときに、その原因物質としてリンが大きな影響を占めているのではないかという指摘を行ったのは、アメリカの五大湖など海外の湖沼にくわしい根来健一郎だった。

ただ、臨湖実験所の調査研究はあくまで大学内部の基礎的研究にとどまり、地域住民の関心はほとんどなかった。そこに地域に開かれた琵琶湖研究所の必要性があったのである。

2　行政による試験研究機関の大きな役割

一方、明治以降の近代化のなかで、滋賀県において行政付属の試験研究機関も始まった。農業分野では、明治二八年（一八九五）に「農業試験場」（当時は「農事試験場」）が、近代国家の骨組みとなる食糧生産や農業政策を支えるために設置された。当初は水稲の品種改良のような、気象・地形条件などに則した農業生産の振興が大きな目的であった。また、明治近代国家を支える輸出製品は生糸とお茶だったので、養蚕業や茶業のための試験研究機関が別につくられた。

第二次大戦後も農業試験場は一貫して米や野菜など農業生産振興に努めてきたが、昭和五〇年代に入って琵琶湖に直接かかわる試験研究が始まった。琵琶湖の水質悪化や赤潮が問題化し、農業排水の影響が指摘され始めたからだ。特に水田の構造改善といわれる圃場整備が進み、用排水路分離や逆水灌漑の増大による排水の増加が指摘された。また、田植え機導入による汚濁排水の増加、農業の近代化による農薬や化学肥料の増加などによる琵琶湖の水質への影響などが指摘された。一方、消費者の間で安全食品への要望が高まり、農業生産における環境保全と食品安全という目的が同時に追求され始めた。農業試験場では、減農薬や減化学肥料による水稲生産の技術開発や、「施肥田植え機」など田植時期の肥料流出を制限する技術開発を行った。

一方、琵琶湖での水産業の振興、特にコイの種苗生産を目的とした「滋賀県水産試験場」が開設されたのは明治三三年（一九〇〇）である。これより前、明治一六年（一八八三）頃に高島郡の知内村や北船木村で村人自身による「ビワマス」の孵化場が建設された。これは琵琶湖漁業史において特筆すべき事柄であろう。明治三八年（一九〇五）に瀬田川出口に南郷洗堰が建設され、大阪湾からのウナギの遡上などが不可能となった。水産試験場の役割はいっそう高まり、魚苗の放流事業が主要活動となり、知内孵化場も水産試験場の付属施設となった。昭和初期には琵琶湖産のコアユの配給事業が全国に向けて始まり、醒井養鱒場も取り込み施設強化を行った。

戦後は内湖の干拓や琵琶湖総合開発の影響などで、漁業資源の枯渇が深刻となり、昭和四六年（一九七一）に完成した彦根市八坂の新棟を中心に、アユの河川別の資源調査や、コイ、フナ、ホンモロコなどの試験研究による資源増殖（タネつくり）や、産卵場の確保（場づくり）などを積極的に進めてきた。また平成に入ってからは、セタシジミの稚貝の人工増殖に成功し、開発の影響で減少する琵琶湖産魚介類の資源保全に努めてきた。

また水産試験場では、明治時代から一〇〇年以上にわたり、琵琶湖の透明度や水温などの一貫した基礎データを積み重ねてきた。この長期データは、近年の温暖化による影響などを長期的に見定めるための基礎データとして大きな価値を持っている。他のどの機関も蓄積できていない貴重なものである。

一方、琵琶湖の水質などを直接的にモニタリングしたり計測したりする試験研究機関の設置は、意外と新しい。昭和四五年（一九七〇）一二月に「水質汚濁防止法」が公布され、昭和四六年（一九七一）六月に施行されたのにあわせて、「滋賀県立衛生研究所」に環境公害に関する部門を設置し、昭和四七年（一九七二）には「滋賀県立衛生公害研究所」が発足した。そこでは水質や大気の常時監視部門をつくり、琵琶湖の水質データの蓄積・分析も始めた。それまでの「水質保全法」「工場排水規制法」を一体化し、個別水域ではなく全水域を対象とする一律の排水基準の設定を行った。琵琶湖全域を対象とするモニタリングシステムが動き出したことは画期的だ。また、地方自治体の権限強化を行い、条例による上乗せ排水基準の設定、排水基準違反に対する直罰等を盛り込んだ内容となった。昭和五二年（一九七七）には職員数も強化され「滋賀県立衛生環境センター」として発足し、水質を形成するプランクトン組成の長期的データなども蓄積・分析し始めた。昭和五四年（一九七九）にいわゆる「富栄養化防止条例」が全国で初めて制定されるが、この条例制定に向けて、衛生環境センターの果たした役割は大きい。そして後述のように、平成一七年（二〇〇五）には、水質部門と琵琶湖研究所が統合して、「琵琶湖環境科学研究センター」が発足した。

ところで、こうした個別の試験研究機関のデータでは十分に把握しきれないのが、琵琶湖という、複雑な環境を持ち、多様性の高い湖である。そこで昭和五七年（一九八二）に発足したのが、琵琶湖研究所だった。

3　一九八〇年代、赤潮問題から琵琶湖研究所の発足へ

「琵琶湖に赤潮が発生し、異常な事態の前で右往左往するなかで、県の行政、政治の立場からも、琵琶湖に対して学問的な目を向け、また学問的な判断に耳を傾けることの重要さを認識し始めたのが研究所設置のきっかけです」。

これは、昭和五七年（一九八二）一二月に開催された琵琶湖研究所の竣工式で、当時の滋賀県知事、武村正義氏が行った挨拶である。

琵琶湖では、一九七〇年代から、オオカナダモの繁茂やウログレナ淡水赤潮の発生があり、富栄養化の兆候が見られるようになった。こうした状況のなか、富栄養化問題をはじめ、集水域から琵琶湖内部に至るまで、現象や問題を一体としてとらえ、それらのなかでも緊急度の高い課題について、自然科学・社会科学の両面から集中的に研究を推し進めることを任務に、滋賀県琵琶湖研究所が設立された（写真１-３-２）。昭和五七年（一九八二）四月のことだが、当時、地方自治体が設立した、個別産業分野別ではない、特定の場を対象とした純粋な研究機関は例がなかった。琵琶湖研究所の設立は、琵琶湖を有する滋賀県ならではの事業だったといえよう。

琵琶湖研究所が発足して最初に開いた第一回「琵琶湖研究シンポジウム」で、吉良龍夫初代所長は、研究所の役割として次の五点を強調した。

① 琵琶湖とその集水域という特定地域の研究をすること
② 湖沼とその集水域を始めから一体として研究すること
③ 広い範囲の学際研究を目指し、自身が研究機関であると同時に研究コーディネータの役割を果たすこと
④ 大学での原理追求型研究とは違い、課題追求型研究であること
⑤ 地方自治体設置の研究所として、研究者と行政をつなぐ役割を担っていること

この第一回シンポジウムでは、当時の日本の環境研究をけん引していた人

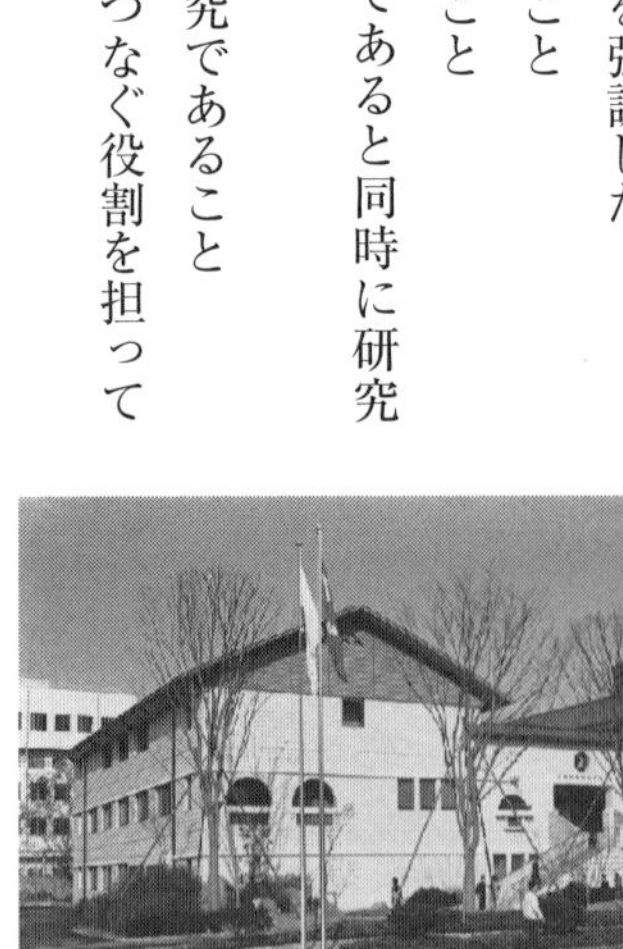

写真 1-3-2　琵琶湖研究所と初代所長の吉良龍夫さん
（滋賀県提供）

びとが最前線の課題を熱く語った。その場にいた研究員や行政関係者など多くが胸を躍らせた。まだ駆け出し研究員だった筆者（嘉田）もその一人だった。

まず名古屋大学（当時）の島津康男さんが、「地域環境研究の方法と方向」というタイトルで講演した。彼は、研究と行政の間のギャップが大きいのは研究者に開発と環境保全の調整をはかる説得的論理がないからだと指摘した。そして、このギャップを越えるには「落下傘型」研究ではなく、徹底的に地元に住み込んで「現場監督型」研究をやるべきだと指摘した。特に琵琶湖は環境容量が小さく廃棄物のつけまわしができないので、「高度処理をするか」「ほどほどの生き方をするか」、どちらの道を行くか住民が選べるよう、そのためのデータを提示するのが研究所の役割だと主張した。

大阪大学（当時）の末石冨太郎さんは、環境の「現場監督」は「自然と人あるいは住民と行政の通訳」になるべしと助言した。また京都大学（当時）の米山俊直さんは、地域の生活・社会の視点から「土着主義」を徹底し、小地域から大地域まで、そして「虫の目」から「鳥の目」まで、多様な視点と多様なタイムスパンにおいて不変の定数を探すことを提唱した。そして琵琶湖の文化的伝統が復権し新しい時代に適合する構想を、政策に反映させるべしとアドバイスした。

自然科学分野からは、国立環境研究所（当時）の安野正之さんが霞ヶ浦の物質循環研究の総合化について、そして信州大学（当時）の沖野外輝夫さんが諏訪湖について講演した。それぞれ先輩研究所の立場から、物質循環の問題と研究成果の社会還元に関してアドバイスした。また京都大学（当時）の岩佐義朗さんや奥田節夫さん、河合章さん、門田元さんなどが、学際的研究の重要性や過去の研究データの情報センター化の必要性を強調した。

じつは、研究所の基本的あり方を武村知事（当時）にアドバイスしたのは、当時国立民族学博物館の館長だった梅棹忠夫さんである。梅棹さんが特に強調したのは、琵琶湖は人の暮らしと関係が深いので、自然科学だけでなく、ぜひとも人文科学を取り込むようにということだった。また、県庁にすでに蓄積している情報を整理して発信するための「情報部門」と、地域住民に開かれた研究所として研究成果を分かりやすく発信するための「広報部門」も最初から企画されていた。

前述のように、県には水産試験場や農業試験場、衛生環境センターなど、試験研究機関があったが、それらは個別の行政課題と法律に合わせてつくられていて、琵琶湖全体を総合的に扱う母体になっていなかった。いわゆる特定の行政分野を対象にした研究機関だった。また琵琶湖辺には、先述のように、京大の臨湖実験所などもあったが、個別生物分野の研究が中心で、総合的な領域を扱うものとはなっていなかった。そこで学際的視点のもと、自然科学から人文科学まで琵琶湖をまるごと研究し、政策提言をする研究所が設立されたのである。

4　集水域から湖水まで――琵琶湖研究所の初期五年

琵琶湖研究所が発足してからは、まさに右記のアドバイスを活かすために、毎日毎日議論の連続だった。そして、研究所の所員がコーディネータになり大学の研究者を引き込んで委託研究を立ち上げるプロジェクト研究方式で、データ蓄積を進めていった。

開所五周年を記念してとりまとめた『琵琶湖研究――集水域から湖水まで』を参考に、最初の五年間における研究の方向性と成果を紹介しよう（写真1-3-3）。

まずは、研究領域を「集水域」「湖岸域」「湖内」「地域環境研究の方法」という四つに分け、そこに二つの特定研究を加えて全体の研究を構成した。

「集水域」全体としては、陸域からの汚濁負荷量を推定することを目的とした。そのために、窒素・リンなどの有機物の流入を河川水などで直接計測する調査が中心となった。同時に、水田や都市部など、流域全体からの流入を推測するために、降雨量など水文循環といわれる気象条件や陸上部の植生条件を調べ、地図化した。あわせて、琵琶湖辺で昭和三〇年代以降急速に進んだ都市化や工業化にかかわる工業立地や土地利用、水利用の変化など、社会経済的条件の変化を精査した。

「湖岸域」に焦点を当てたのは、琵琶湖総合開発で急速に変化する湖岸域の重要性を認識したからである。この領域を、さらに三つの分野に分けた。「水草帯と内湖」では、内湖において栄養分の三分の一程度が内湖内に留まり、本湖の水質浄化機能を果たしていることを証明した。「砂浜と微生物」では、砂浜の自然浄化といわれる機能が微小微生物による有機物分解であることを明らかにした。「底生動物から見た水辺環境」では、カワニナやトビケラなどのサンプル収集と同定という基礎研究を柱に、湖岸の生息環境の保全の価値を発信した。

「湖内」では、水平的な水の流れを推測するための、湖流の模擬実験を行い、還流の存在を映像化し、見える化した。同時に、深い湖である琵琶湖特有の縦方向の水循環においては、湖内では有機物の分解量以上に蓄積量が多く、周辺部からの流入有機物の影響が大きいことも推測された。また湖底からの物質溶出についても、リンや窒素の溶出速度を推測し、水質モデルづくりの基礎データ化が始まった。

「地域環境研究の方法」では、当時発達しつつあったミニコンピュータを活用して、自然・社会条件の地図データベース化を行った。特に人間生活に根差したコミュニティ境界（町庁大字）を基準地域メッシュと掛け合わせ、河川流域別に計算することから、流域別汚濁負荷量推測モデルを作成した。これらのデータは当時、県と

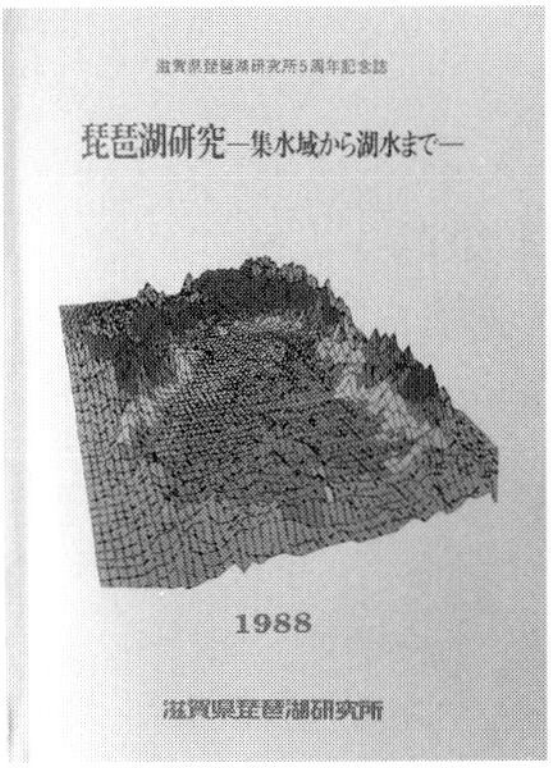

写真 1-3-3 『滋賀県琵琶湖研究所5周年記念誌　琵琶湖研究——集水域から湖水まで』1988 年

して進めていた「湖国環境プラン」に直接利用された。あわせて、湖岸集落における人びとの水利用の変化や生活意識や価値観の変遷をたどり、科学的データと住民の実感をすりあわせる、住民参加型調査の方法開発を始めた。

また「特定研究」として水位低下の影響調査を行った。これは、琵琶湖の水位が、昭和六〇年（一九八五）一月末にマイナス九五センチになり、昭和一四年（一九三九）度のマイナス一〇四センチに次ぐ低水位となったためである。「集水域」と「湖岸域」「湖内」の三領域で状況をリアルタイムに追いかけ、低水位が生物環境や人間生活へ与える影響を把握した。その結果、生物環境的に大きな影響を受けるのは湖岸の大型貝類であることが分かった。実際、多くの死滅個体が発見された。河川では、ゴミも含め栄養分の溶出が増え、水質への影響があった。しかし水産業への影響は、この時点では顕著ではなかった。これは、水位低下が起こったのが冬だったからだろう。固有魚類が産卵する春先から夏にかけてなら、影響はもっと大きかっただろうと推測される。

昭和五七年（一九八二）の琵琶湖研究所開設直後に、武村正義知事（当時）の発案で「世界湖沼会議」を始めた。琵琶湖研究所の吉良所長（当時）たちが中心となり、世界の湖沼データブックをまとめ、一九八四年に第一回の開催にこぎつけた。その後も、世界の湖沼データブックや書籍（市販）を編集・発行し、国際湖沼環境委員会（ＩＬＥＣ）も開設し、世界湖沼会議の継続開催に貢献してきた。滋賀県として、世界の湖沼のデータ蓄積に大変大きな貢献をしてきたわけで、二〇一七年現在もこの成果は継承されている。

5　一九九〇年代、琵琶湖研究所一〇周年で見えてきたこと

一九九〇年代を目前にして、滋賀県では、二一世紀プランについての職員提案が求められた。琵琶湖研究所内

では、それまでの研究成果に基づき議論を進めた結果、「琵琶湖博物館の提案」と実験調査船「レーク・シャトル計画」の二点を県当局に提案することとなった。「レイク・シャトル計画」は、大きくて深い琵琶湖ならではの湖底の環境や湖全体の縦方向（鉛直）の水質変化などを、リアルタイムで計測するための湖底探査船づくりである。海洋学における海洋探査からヒントを得て、それを琵琶湖研究に応用した。

一方、琵琶湖博物館は、琵琶湖研究所の研究成果に加え、琵琶湖の多面的価値を発見・表現し、琵琶湖と人びとのかかわりを高める拠点にしようという発想から提案された。具体的には、①古代湖としての自然史的背景と、②縄文・弥生時代からの歴史・文化的変遷をたどり、③近代化に伴う環境改変を追うというテーマを設定した。そして、これら三つの領域から見える琵琶湖の本源的な価値を探求し、研究・展示・交流・資料収集活動として表現しようという提案である。また、すでに昭和三六年（一九六一）から実績がある「琵琶湖文化館」の水族展示を環境展示の一部として取り入れることで、子どもも含めて、県民にとって親しみやすい学びの場にしようと提案した。

一九八九年に博物館の開設準備室が設置され、八年の準備期間を経て、一九九六年に琵琶湖博物館が開館した。その具体的活動については次節にゆずり、ここではまず、琵琶湖研究所の発足一〇年目の一九九二年一二月に開催されたシンポジウム記録『琵琶湖研究一〇年の成果と今後の課題』をもとに、一九九〇年代の琵琶湖研究の課題について紹介しよう。

シンポジウムは、大きな領域として「生物の異常繁殖」「水塊構造から観た水環境」「集水域から湖への物質の流出」「環境政策の観点からみた汚濁負荷」「経済と環境」の五点にまとめられた。

「生物の異常繁殖」では、当時の滋賀県立衛生環境センターの研究員を招いて、琵琶湖のプランクトンの長期的変遷を概観した。そして、昭和三〇年代まで約五〇〇種類報告されていたプランクトンが、昭和五〇～六〇年代（一九八〇年代）には一四三種まで減少したことが確認された。あわせて、赤潮に代表される植物プランクトンの異常繁殖や、平成元年（一九八九）に初めて観測されたピコプランクトンの異常繁殖など、従来にない水質変化が起きていることが報告された。また水草についても、かつて四一種類報告されていたが、一九八〇年代以降は二三種類しか発見されなかったことが報告された。外来種が増えていることや、水草の繁殖条件に暖冬などの気象条件が影響していることも報告された。

「水塊構造から観た水環境」では、新しいリモートセンシングの手法を応用した、風波による底泥のまきあげ観測の結果が報告された。それによると、琵琶湖のように比較的小さな水塊では、水質やプランクトン組成など湖の生態的状態が、急激な気象変動の影響を受けやすいことが分かったという。また、湖底近くの物質濃度や酸素濃度についても報告され、春先の融雪水や季節風の吹き出し条件に依存していることが指摘された。そして、最先端の観測技術や機器を集めた実験調査船を建設し、平成五年（一九九三）夏に国際共同観測を行うことも提案された。まさに「レイク・シャトル」計画が実現しようとしていたのである。

「集水域から湖への物質の流出」では、陸域からの汚濁負荷構造について報告された。そして発生源の配置や土地利用、地域の経済・福祉・文化などを含めた流域総合水資源管理の必要性が提起された。あわせて、融雪水について、温暖化による減少や、酸性雨の増大による酸性化など、気象現象が大きく影響していることが分かった。温暖化がさらに進むと、湖底の低酸素化問題がいっそう深刻になると指摘された。

「環境政策の観点からみた汚濁負荷」と「経済と環境」においては、下水道および小規模処理システムの組み合わせにより、いかに効率的、かつ効果的に湖への汚濁負荷を減らすことができるか、シナリオ分析を用いて示された。そして現状のまま下水道施設整備などが進んでも、湖の富栄養化防止に顕著な効果が現れるかどうかは定かでなく、特にトータルリンの負荷削減はきわめて困難であることが指摘された。

総合討論も含めて振り返ると、昭和五七年（一九八二）の開所当時には見えていなかった気象要因や琵琶湖水塊の構造的特性などが指摘され、この時期に大切な問題提起をしていることが分かる。ただ、気象条件による影響については、政策的にも、また自治体としてもコントロールできる領域が少なく、具体的な政策提言が難しいというのも確かだろう。

じつはこの時期、政策的には、琵琶湖総合開発が完成に近づき、平成四年（一九九二）から新たな水位操作規則などが始まろうとしていた。同時に、総合開発による悪影響などを緩和するために、「総合保全」の議論が、国の六省庁と県とで始まっていた。しかし、水位操作による生態系への影響などは、この時点でもほとんど議論されていない。あとから振り返れば、大きな課題だったといえるだろう。

また琵琶湖研究所では、集水域と琵琶湖をつなぐ水質や、プランクトンなどのミクロな生態系に関心が集中しており、大型魚類や魚介類のモニタリングなどはなされていなかった。ここに、琵琶湖博物館や、水産試験場との役割補完の必要性が見られる。

6　琵琶湖博物館の誕生、基礎研究から展示・交流へ

梅棹忠夫さんや米山俊直さんが琵琶湖研究所を提案したとき、その提案には「琵琶湖の文化的・社会的価値」を発掘・発信することが含まれていた。筆者（嘉田）も、研究所で研究活動を続けるなかで、琵琶湖の持つ自然物としての物理的・化学的・生物的個性の研究にプラスして、いかに歴史的・文化的価値を発掘するか、考えあぐねていた。そんなときに、古代湖としての琵琶湖の地学的価値や歴史文化的価値を発信する琵琶湖博物館の計画が進んでいたのだ。そこで、琵琶湖研究の成果を取り入れた博物館構想を、研究所の二一世紀ビジョンとして

研究員の立場から提案した。当時、すでに県の教育委員会で湖沼漁業資料館や自然史博物館の構想が提案されていた。そこで、教育委員会の博物館計画に筆者自身参画して、博物館準備にあたることにした。平成元年（一九八九）には「基本構想」をつくり、初めての学芸員を採用して、琵琶湖博物館準備室が実質的に始まった。

琵琶湖研究所が発足した当時、梅棹さんや米山さんは、琵琶湖辺の伝統文化を長い時間軸のなかで発掘し、今の時代に適合するよう再生してほしいと訴えていた。筆者自身、琵琶湖研究所で行った湖畔集落研究で、三〇〇を越える集落で調査を行い、昭和三〇年代から四〇年代に水道が導入されるまでは、湖水や湧水、井戸水、川水など自然水を直接に飲み水にしていたことを発見した。これら伝統的水利用は、水道ができてから「前近代的」「古臭い」「貧乏くさい」「しっける」と拒否されていた。琵琶湖辺で飲み水を汲んだ「橋板」は湖と人びとの心をつなぐまさに「かけ橋」となっていたのだ。研究所時代に行った生活変遷史の研究をもとに、琵琶湖博物館で環境展示の企画も進めることができた。

特に、琵琶湖は水質悪化や環境破壊のイメージが強く、その本質的価値が住民にもなかなか見えていなかった。そこで、琵琶湖周辺の生き物や生活文化を住民の人たちと一緒に調べることにした。こうして住民参加で博物館の資料収集や展示制作を行う「参加型博物館」として準備室は動き出した。ホタルやタンポポなどの生き物調査や生活用水などの文化的な調査だけでなく、数百万年前に琵琶湖周辺に住んでいたゾウの化石や足跡を探そうという地学的調査も住民参加でなされた。

平成元年（一九八九）から始まった準備のなかで学芸員が共有した博物館イメージが「リンゴの木」構想だった。基本は研究活動である。研究は、自然や文化が大地に広がるために「知」という養分を汲み上げる根にあたる。日常の絶え間ない研究・調査活動によって、初めて博物館の太い幹が育ち、葉が広がり、実を結ぶ。すなわち展示や観察会・交流会などの住民サービスが可能となる。そして木の葉や実が大地に落ちて栄養となり、リンゴの木をさらに太らせ、より多くの実りをもたらす。この一連の循環を参加型・対話型交流に見立て、琵琶湖博物館の活動イメージとした（図1-3-1）。

琵琶湖博物館の研究では、学芸員や特別研究員のみならず、国内外の他の研究機関とネットワークを結んでの研究も行った。加えて、「はしかけ」や「フィールドレポーター」など住民参加型研究を公式に位置づけた。地域の人びとと研究をともに進めることで、ともに成長・発展する博物館を目指したのである。

琵琶湖博物館の研究は、総合研究、共同研究、専門研究の三つのカテゴリーからなっている。

総合研究では「湖と人間」をテーマとする琵琶湖博物館にふさわしい学際的・総合的な課題に取り組み、通常の個別専門的な研究ではできない新たな独自の知見を蓄積していく。その結果を県内はもとより国内外へ発信することで、琵琶湖の価値や博物館の存在意義を広めていく。総合研究は、琵琶湖博物館の理念を実現する最も重要な研究として位置づけられ、琵琶湖の将来を考えていく上で重要な役割を担っている。

図1-3-1　琵琶湖博物館の活動イメージのリンゴの木
出所）琵琶湖博物館提供。

共同研究は、個別専門性が高い研究分野において、博物館の学芸職員の企画に基づき、内外の研究者と共同して行う研究である。といっても、既存研究分野の課題にこたえるだけではなく、独自の研究課題や新しい問題を発見・創造し、情報発信していくことを目指している。

専門研究は、博物館の学芸職員が、個別専門分野における高度な研究能力を維持するために実施する研究である。

研究分野は、「環境史研究領域」「生態系研究領域」「博物館学研究領域」の三領域に分かれている。「環境史研究領域」は、湖と人間とのかかわりが、歴史的にどのようにできたのかをテーマとし、自然史と環境史の領域にまたがる。「生態系研究領域」では、湖と人間のかかわりが、今どのようになっているのかを生物分野を中心に研究調査を行う。「博物館学研究領域」では、湖と人間をテーマとする博物館はどうあるべきなのか、その方法論を課題に研究調査を行ってきた。

博物館で発行された研究調査報告書をもとに、これまでの研究をたどってみよう。

準備室時代の一九九三年に発行された第一号のタイトルは「愛知川化石林――その古環境復元の試み」である。続いて第二号は「琵琶湖の歴史環境――その変動と生活」、第三号は「古琵琶湖層の足跡化石」、第四号は「丸子船の復元――琵琶湖最後の帆走木造船」となり、博物館の研究報告が「環

写真 1-3-4　琵琶湖博物館研究報告書と初代館長の川那部浩哉さん（琵琶湖博物館提供）

境史研究領域」から始まっていることが分かる。現代に近い時代の環境史研究としては、第六号「琵琶湖・淀川水系における水利用の歴史的変遷」、第九号「水辺の遊びに見る生物相の時代変遷と意識変化」、第一一号「水がはぐくむ生命（命）――琵琶湖と魚と人間――東アジア的世界の中で」などが見られる。「環境史研究領域」の報告書は第二九号の「日本の新生代からの足印化石」まで合計一八冊を数え、博物館における研究の中心的領域となっていることが見て取れる。この領域の研究成果は、A展示室（「湖の四〇〇万年と私たち――琵琶湖の自然と生い立ち」）、B展示室（「湖の二万年と私たち――自然と暮らしの歴史」）、そしてC展示室（「湖のいまと私たち――暮らしとつながる自然」）の基礎となっている。

「生態系研究領域」としては、第五号「琵琶湖のワムシ類」、第一〇号「滋賀県のトンボ」、第二〇号「琵琶湖のオサムシの分布」、第二三号「みんなで楽しんだうおの会――身近な環境の魚たち」、第二七号「滋賀県のチョウ類の分布」など七冊を数え、C展示室の生き物系展示の基礎となっている。

「博物館学研究領域」では、第一四号「ビワコダス・湖国の風を探る」、第一六号「生活再現の応用展示学的研究――博物館のエスノグラフィーとして」、第一七号「博物館を評価する視点」、第二四号「展示室におけるコミュニケーション――展示と人・人と人」など四冊がある。これらの報告書では博物館の展示・交流活動の学問的かつ方法論的な背景を分析し、全国的な注目を集めてきた（写真1-3-5）。

写真 1-3-5　琵琶湖博物館の農村のくらし展示とトンネル水槽（嘉田由紀子提供）

このように琵琶湖博物館の研究活動は、展示や交流活動の基盤をつくってきたが、琵琶湖政策にも直接・間接的に貢献してきた。次に紹介したい。

7　琵琶湖博物館の研究成果が政策に

琵琶湖博物館の開館時の職員構成は、研究や資料収集を担う専門学芸員が三〇名で、そのうち二五名は大学や研究機関で育った研究者、五名は県の行政を担う職員であった。行政を担う五名も学芸員としての活動に参加し、「河川」「農業」「森林」「水産」「教育」を担当した。行政の現場職員が、学問的な背景を持つ学芸員といっしょに研究や展示・交流活動に携わることで、博物館の研究成果を県の琵琶湖政策や環境教育に取り入れてもらいたいと念じたからだ。その当時他府県では見られない滋賀県独自の人事配置だった。学問分野を越えるだけでなく、研究と行政の垣根も越えたいという意図である。準備室時代から現在まで、行政職員として琵琶湖博物館の学芸職を担当した県職員は四〇名以上になる。彼らが生み出した政策のいくつかを紹介しよう。

まず農業分野では、農業水利職員も参加した「水田総合研究」をもとに、水質改善を目的とした「水すまし構想」や、「魚のゆりかご水田」政策が始まった。琵琶湖の汚濁負荷源として農業の占める割合が高いことは、琵琶湖研究所の研究においても指摘されてきた。その成果がさらに発展して「水すまし構想」が実現したのである。「魚のゆりかご水田」では、もともと農業水利の職員は「水田に魚は邪魔」と拒否していた。縦割り行政組織のなかで農業関係の職員が「水田は米づくりのため」と発想するのは当然である。しかし、ちょっと昔には「うおじま」といって、ニゴロブナやナマズが群れをなして水田に入ってきて産卵をしていた。この事実を地元の住民から聞き、また博物館の学芸員と共同研究を進めるなかで、農業水利職員の意識も次第に変わってきた。そして「魚のゆりかご」を取り戻そうと博物館の研究成果を農業政策に活かし、今「魚のゆりかご水田」は滋賀県の農業部門あげての政策に成長している。行政政策において水田は「米をつくるところ」と単一機能化されがちである。しかし、琵琶湖辺に水田が拓かれてから何百年何千年ものあいだ水田は魚を育ててきた。水田を魚のゆりかごとして取り戻すことは、多面的価値を求める生態系再生という視点からも意味のあることだった。

また、琵琶湖博物館の開館時には今森光彦さんの特別展示を行った。今森さんは、山沿いの棚田の美しい映像を「SATOYAMA」として世界に発信した写真家である。展示では、彼が琵琶湖辺での暮らしぶりから導き出した生き方を発信した。その後、今森さんの国際的な発信力にも助けられ、県の農業政策の一環で、琵琶湖博物館での学芸員経験のある職員が中心となって、琵琶湖辺の山やまと自然によりそった「世界農業遺産」として「SATOYAMA」などを発信しようとしている。

また琵琶湖博物館に派遣された「河川工学」の職員の活躍を見てみよう。担当者の多くは、河川の工学的な面、たとえばダムなどの施設整備を専門としていた。しかし琵琶湖博物館に赴任してからは、琵琶湖辺の過去に水害の起こった地域で、写真収集や住民からの経験の聞き取りなどを行った。こうして、水害を避けるために昔から地域で工夫されてきた土地利用の仕組みや、霞堤防などの伝統的治水の手法、避難体制について学び、出版物などをつくってきた。これらの担当者の経験は、その後二〇〇〇年以降、嘉田が知事となってから進めてきた滋賀県独自の「ダムだけに頼らない流域治水政策」づくりの技術的・法律的バックボーンとなった。平成二六年（二〇一四）三月に制定された「滋賀県流域治水の推進に関する条例」の裏には、琵琶湖博物館で学芸職員として活躍した滋賀県土木部河川政策担当の職員の力がこのように隠れていたのである。

琵琶湖博物館から琵琶湖生態系への最大の貢献は、絶滅危惧種を中心とした魚類の飼育・繁殖研究だろう。準備室時代から「保護増殖センター」を発足させ、現在日本国内で絶滅の危機に瀕しているイタセンパラやアユモドキをはじめ、減少傾向にあるハリヨやゼニタナゴなどの淡水産魚類を飼育し、その繁殖方法を研究してきた。何世代にもわたる繁殖を行うことで飼育下における種の維持をはかるとともに、種の遺伝的多様性を保持するための研究を行っている。

また、飼育生物の自然復帰の方法についても研究を進め、琵琶湖が本来持っている生物多様性の維持・発展に貢献してきた。水産や農業水利の分野の職員もこの成果に関心を示してきた。滋賀県の生物多様性保全を担う自然保護政策においても担当者を相互派遣し、行政と研究の相互交流はますますさかんになっている。

兵庫県立自然史博物館や千葉県立自然史博物館などでも、行政職員が博物館に派遣され、また逆に博物館の研究者が具体的な行政施策に深くかかわっているという。こうした研究成果を具体的な政策に活かす「横串政策」は今後、地域博物館の主軸となっていくと期待される。

なお琵琶湖博物館の企画・建設・運営にかかわった関係者が心を込めて作った紹介用の書籍は大変多いが、そのなかで一冊だけ紹介する。[*1]

（嘉田由紀子）

注

＊1　川那部浩哉編『博物館を楽しむ――琵琶湖博物館ものがたり』岩波書店、二〇〇〇年。

第4章　これからの新たな琵琶湖政策

生存可能社会を求めて

1　琵琶湖環境科学研究センター発足への道のり

一九九〇年代に入り、琵琶湖研究所には、琵琶湖総合開発事業完了後を見通して、これまでの湖内水質に注目した研究から、琵琶湖保全のあり方を全般的に広く模索する研究が求められるようになった。特にその頃に顕在化しつつあった琵琶湖の生態系機能の低下に関する研究に関心が広がった。そのことは当然、集水域の土地利用、水利用や水循環、森林保全、さらには進行する気象の異常などをも研究対象とすることを必要とした。それは当然ながら、専門研究者だけでなく地域市民や事業者も含めた流域すべての主体が協働で取り組むことが重要になってきたことを意味する。

また二〇〇〇年代になると総合保全整備計画の具体的な施策との関連で、新たな課題として「ノンポイントソース汚濁負荷の削

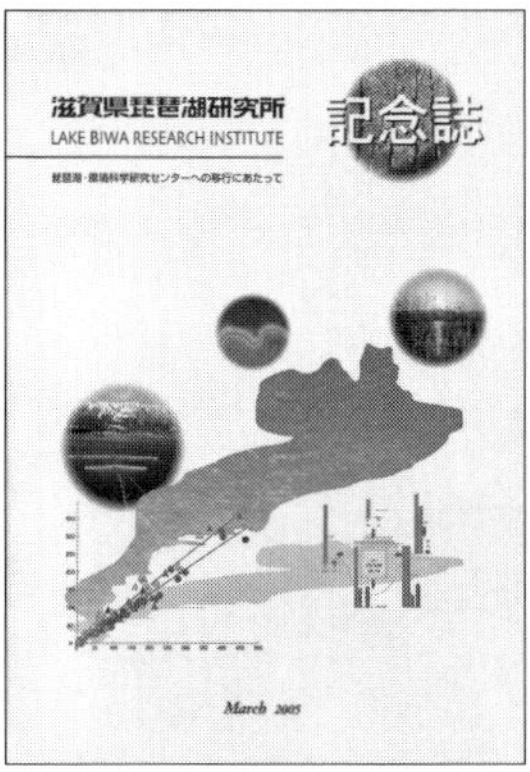

写真1-4-1『滋賀県琵琶湖研究所記念誌　琵琶湖・環境科学研究センターへの移行にあたって』2005年3月

減効果の評価」や「内湖の復元」「気候変動の琵琶湖への影響調査」などが、新たな研究テーマとして注目され、さらに広く、総合保全整備計画第二期以降の琵琶湖集水域のあり方や、水質改善に向けた基礎的な知見の充実が、急ぎ求められるようになってきた。

そこで二〇〇五年には、これまで二三年間の琵琶湖研究所の歩みを取りまとめる記念誌を編集した。ここから見えてきたのは幅広い研究テーマに対応できる新たな研究機関の必要性で、それは県民や行政、事業者などから提起されるに至った。そこで、琵琶湖研究所と琵琶湖のモニタリング機関としてデータを蓄積してきた衛生環境センターとの合併が議論され始めた。

じつは、すでに述べたように、琵琶湖研究所の開所一〇周年のシンポジウムでも、衛生環境センターが蓄積してきた水質モニタリングやプランクトンのデータの価値は大きく評価されていた。それゆえ、その結果として、「滋賀県琵琶湖研究所」と「滋賀県立衛生環境センター環境部門」の二機関がそれぞれ培ってきた試験研究成果や知見、人材をいっそう活かすために組織の再編統合が決定された。それらの経緯をふまえて、二〇〇五年、大津市柳ヶ崎に新たに創設されたのが滋賀県琵琶湖環境科学研究センターである（写真1-4-2）。

じつは滋賀県議会でも、琵琶湖研究所と琵琶湖博物館の役割分担が議論されたことがある。そこでは琵琶湖博物館が、古代湖としての琵琶湖の自然史的、生態的、また歴史・文化的な基礎研究を担当しているのと対照的に、琵琶湖環境科学

写真 1-4-2　滋賀県琵琶湖環境科学研究センター（センター提供）と初代センター長の筆者（内藤提供）

研究センターでは、生物化学的なよりミクロな湖沼条件を、物理学や気象学なども含めたダイナミックな研究領域を担当し、滋賀県の環境政策に直接に貢献する研究体制を目指すことになった。

2　さらなる総合化へ向けて――今後の新たな研究の方向

新センターの発足に当たって、組織のあり方とその方向について特に強調されたのは、①研究の対象場としては、湖沼から、それに直接的な影響を与える集水域はもとより、その恵みを享受する流域全体にまで広げていくべきこと、②琵琶湖を中心とする滋賀の自然環境と、人が豊かに共生する持続可能な社会の形成に向けた展開を図ること、③したがって、研究手法においては、単なる科学的な現象解明研究にとどまらず、その基礎知見をふまえて課題解決型の研究までを一連のものとして実施すること、の三点である。

このような方向は、昭和五七年の琵琶湖研究所の発足時に求められてきた方向と類似する。しかし、二五年の歴史を経て、地球環境問題など、新たな課題を加えての新たな方向に対応するためには、「琵琶湖環境科学研究センター」は、琵琶湖とその流域社会とを一体のものとしてとらえ、自然科学と社会・人文科学にわたる幅広い知見の総合化をいっそう図ることが必要となる。そのために、一研究機関だけでは規模的にも専門分野的にも限界があるので、さまざまな県内外の調査研究機関等との連携による幅広いネットワークの形成を図った。特に後述のように、滋賀県内の試験研究機関の糾合という意味では、センターが果たす役割はいっそう高まっている。

また、地域における環境研究・環境情報の中核的な役割を果たしていくために、内外の専門学術情報の収集を目指した。さらに県民との双方向の情報交換、および県の環境施策に向けた成果の発信などができるシステムの整備を重視した。

3　センター発足時の組織と研究成果

発足時の組織は以下の通りであり、職員数は二〇〇五年度(平成一七年度)において、センター長以下、四九名となった(図1‐4‐1)。特徴的な組織体制の一つとして「総合解析室」を設けた。これは、行政課題や社会ニーズに応える研究を主目的とするものである。また、「研究企画統括員」は、行政や県民との連携を深め、研究業績の評価を行い、その成果を広く発信する役目を担当する特異な職務である。

第一期の目標期間は平成一七年度からの三年間とされ、センターと行政との協議によって、三つの大きな試験研究分野が設定された。

・循環型社会の構築
・琵琶湖と流域の水質・生態系の保全
・環境リスクの低減

その後、三年ごとの中期計画を立てて、第四期までが経過した。

センター研究の成果は年度ごとに「研究成果報告書」として出版されているが、ウェブサイトでも「琵琶湖環境科学研究センター研究成果報告書」としてまとめて公表されている(http://www.pref.shiga.lg.jp/d/biwako-kankyo/lberi/03yomu/03-01kankoubutsu/03-01-03research_report/03-01-03research_report.html)。なお、調査研究機関の成果は通常学会など関連の学術専門家の集う場で、論文または口頭発表の形で公開されるのが普

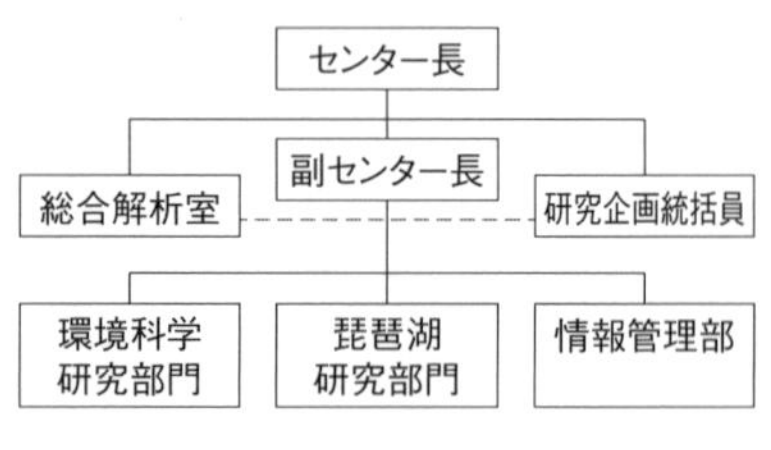

図 1-4-1　発足時の組織
出所）滋賀県琵琶湖環境科学研究センター作成。

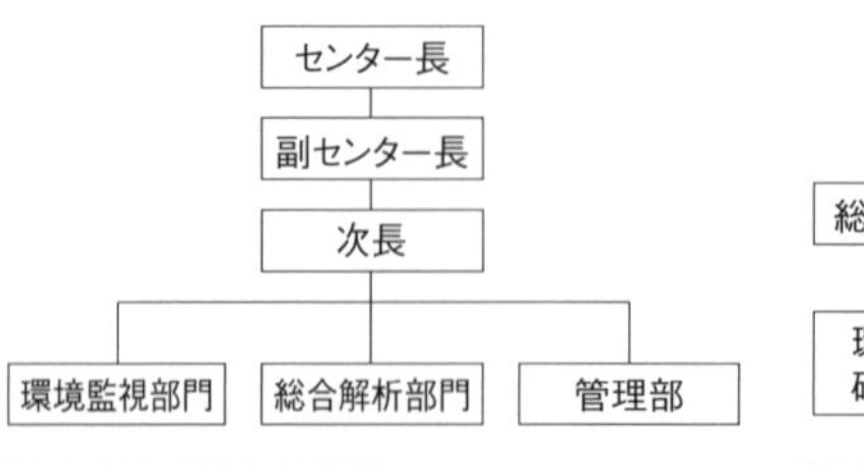

図 1-4-2　現在の組織
出所）図 1-4-1 と同じ。

通である。しかし、行政研究機関として政策課題研究を標榜する組織としては、単に学会の場での報告だけではなく、行政施策に活かされることを目指した成果報告が必要である。そのためにいくつかの工夫をしてきたが、その一つは施策立案のガイドとなる「政策提言集」を、上記研究報告書の巻末に記載し、難解な研究成果に平易な解説を付け加えて、さらに行政の現場で活用しやすいように具体的な項目として提示するなどの配慮をしてきた。

また、広く県民へ情報提供したり、研究成果を還元したりするため、各種の成果報告の場を設ける努力も重ねてきた。

4　新たな横串をさす組織連携の提案

琵琶湖や流域の生態系に関する近年の環境課題のほとんどは、物理的、生物的な多くの要因が相互に関係し合って複雑な様相を呈している。さらに、その自然現象は、水資源や水産資源としての経済的価値とだけではなく、湖沼の生態系や景観・文化などの多様な価値とのかかわりも幅広く問われるようになってきた。

その解明と対策提案には、多分野の研究者が目標を共有して一体的に研究を進めることが必要になる。そのためには、外部の組織との連携も不可欠で、そのような連携の実現に向けて努力をしてきた。努力の成果を、以下に経時的に紹介する。

琵琶湖環境研究推進機構の設置

行政組織はしばしば縦割りといわれるように、山、里、湖などで行われる林業、農業、漁業などは、それぞれ担当する行政部署が異なり、したがって、これらの行政施策を支える研究も、それぞれ個別の研究機関によって独自に進められてきた。明治以降の動きは前の章で示した通りである。

しかし相互に密接に関連し合っている現象を、個別に解析し、その結果を足し合わせるだけではなく、相互作用も含めた総体として扱うことの重要性が強く認識された。したがって、県行政が目指す目標を全体で共有した上での総合的な研究が必要となる。

このような研究態勢を担保するために、平成二六年四月に県下の八試験研究機関が参加する「琵琶湖環境研究推進機構」が設けられた。そして、この機構の長には行政機関を代表して副知事が就き、県全体で目的を共有する一つのプロジェクト計画をつくりあげ、そこに特別の研究予算が充てられることとなった。なお、このような分野を統合する組織は地方自治体では珍しく、外部からも多大な関心が寄せられている。

この機構における最初の琵琶湖総合研究の課題として選ばれたのが、「在来魚介類のにぎわい復活に向け

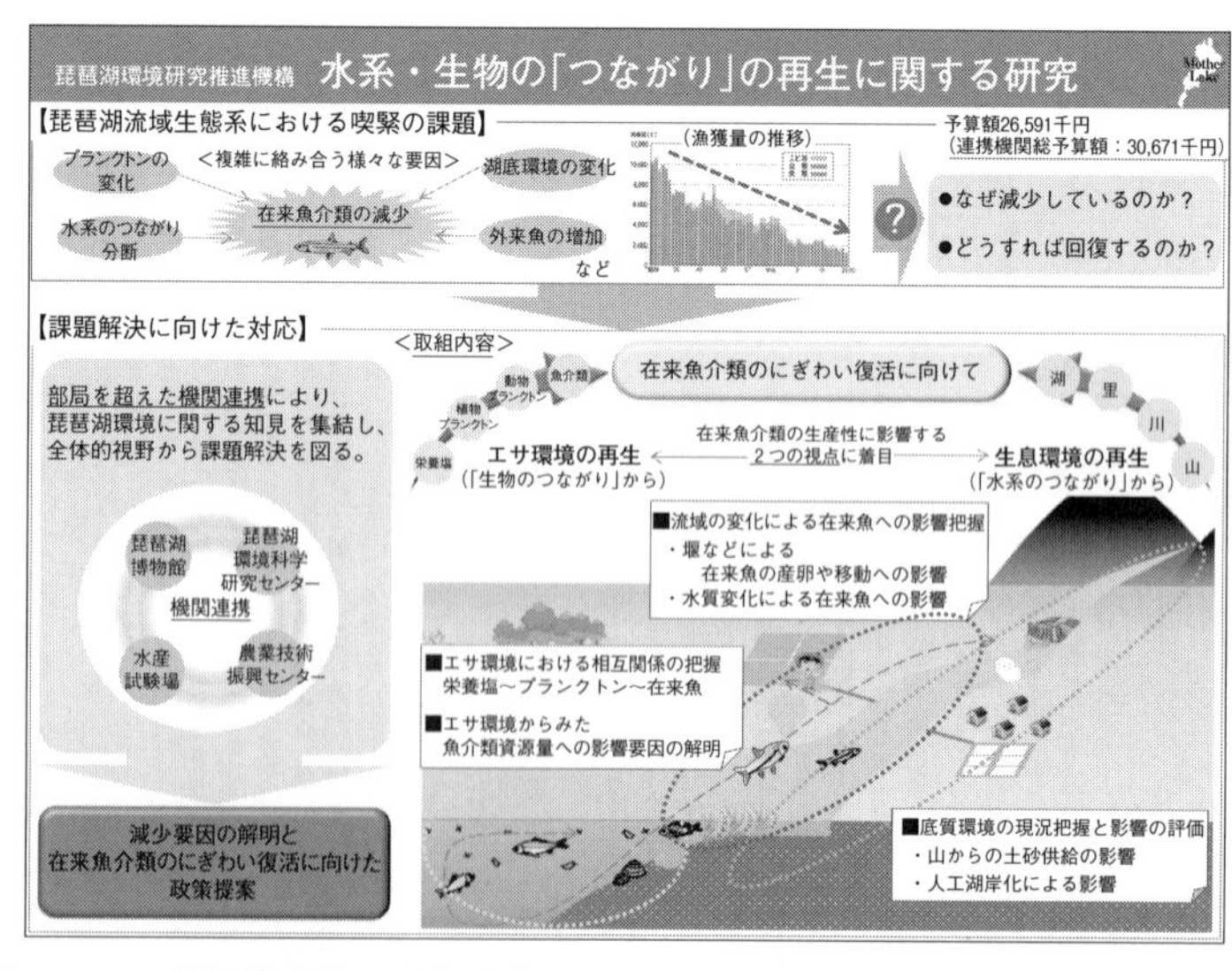

図 1-4-3　琵琶湖環境研究推進機構がカバーする研究領域図「在来魚介類のにぎわい復活に向けて研究」

出所）滋賀県。

た研究」であり、これは琵琶湖にとって最大の課題である。しかし、現象が「水質からプランクトン、魚介類へのつながり」を対象とした「餌環境」と、「森・川・里・湖のつながり」を対象とした「生息環境」にかかわるため、一研究機関で取り組むには余りに課題が多岐にわたる。まさに連携機構が取り組むにふさわしい研究テーマである。

琵琶湖環境研究推進機構の成果は次第に見られつつある。たとえば「魚の餌環境に関して」は琵琶湖環境科学研究センターと水産試験場、滋賀県立大学が連携し、これまで余り注目されなかった、魚の餌となる動物プランクトン・データの解析から、アユがどの時期にどのような種類のミジンコを捕食しているかなどが確認された。また魚そのものの分類や、水草調査においては琵琶湖博物館が長年蓄積したデータを活用して知見を提供した。平成二八年度からは、土木交通部と連携して、琵琶湖岸の養浜事業の機会をとらえた生物の回復過程の把握と、その要因としての底質等の調査を開始している。これまでの研究成果をふまえた、次年度以降のさらなる施策化に向けて、河川や沿岸帯における魚介類の生息環境や産卵環境としての望ましい条件を見出す作業を進めている。

国立環境研究所との連携

さらなる連携の拡大を目指して、近年国の研究機関との連携を模索してきた。それは、基礎研究を中心として実績を積んできた国立環境研究所と、現場での実践研究の情報を蓄積してきた琵琶湖環境科学研究センターとが協力して協働研究を実施できるなら、我が国の湖沼研究の進展のために、いっそう大きな貢献ができるだろうと考えたからである。そこで一〇数年前に、滋賀県からそのような連携可能性を打診したが、当時はまだ十分機が熟していなかったため実現まで至らなかった。しかし、平成二八年度に至って、国の地方創生プランの一環としてこの話が具体化することとなった。

この事業は、「国との連携強化に加えて、地元の大学・企業なども協力して湖沼研究のさらなる発展と、その成果の活用・実用化をはかり、地域イノベーションを創出して、地方創生につなげることを目的とする」(「政府関係機関移転基本方針」平成二八年三月二二日付け内閣官房まち・ひと・しごと創生本部決定)とされている。それは平成二九年度に、国立環境研究所の「琵琶湖分室」がほぼ一〇人態勢でセンター内に設置されることで実現された。

当面の協働研究実施分野としては、「琵琶湖における有機物収支に関する研究」、「湖底環境の評価と底泥溶出に関する研究」、「湖沼の生物資源利活用に関する研究」、「湖沼の水質改善に関する研究」が挙げられているが、これらは国内の多くの湖沼で大なり小なり問題となっているもので、協働研究の成果は全国の湖沼の環境政策に活用されるであろう。ただし、もう一つの目的とされる「地域イノベーションの創出」という点で、これらの研究内容そのものを、新たな産業や技術の創出、さらにそれを通じた地域経済の活性化につなげるためには、かなりの知恵と工夫が必要であろう。

5 「琵琶湖保全・再生法」の成立を受けて

平成二七年度に、「琵琶湖保全・再生法」が成立した。この法律の内容そのものは、法文を見ていただくことにして、それが県民、県行政および特に琵琶湖環境の研究組織にとってかかわりが深いと思われる部分に関して、「法律の背景認識とそれを踏まえた意義と役割」を要約して、以下に紹介する。

まず琵琶湖を国民的財産と規定し、その役割を、「約四〇〇万年の歴史を有する我が国最大の湖であり、近畿圏においては治水上または利水上重要な役割を担ってきている。そのように公益的な役割を担う湖であるとともに、多数の固有種が存在するなど豊かな生態系を有し、貴重な自然環境及び水産資源の宝庫として、その恵沢を国民がひとしく享受し、後代の国民に継承すべきものである」（第一条「目的」より）としている。

次に、新たな法律による対策について、「琵琶湖においては、水質汚濁に係る環境基準は一部を除き未だ達成しておらず、アオコも依然として発生していることに加え、水草の大量繁茂及び外来動植物の増加等の新たな課題が生じており、琵琶湖の総合的な保全及び再生の取り組みを実施する必要性が高まっている」と認識し、「こうした状況に鑑み、琵琶湖と人との共生を基調とし、多様な主体の参加と協力を得て琵琶湖の保全及び再生に関し実施すべき施策について国が必要な支援を行う」べきとしている。

続いて、その対策の困難性と特徴を要約して、「琵琶湖保全再生施策は、その対象が森林、農地、市街地、河川、湖辺、湖内等の広範多岐にわたり、かつ、相互に密接な関係を有している。また、琵琶湖と人びととのかかわりも多様であり、かかわる主体も国及び関係地方公共団体のみならず個人、事業者、特定非営利活動法人等さまざまであることから、多様な主体が琵琶湖の保全及び再生に対する認識を共有するとともに、それぞれの知見を活用し、よりいっそうの連携を図ることが必要である」と述べている。

そして最後に、センターに直接かかわる「調査研究」については、「琵琶湖の生態系の変化や水質汚濁などに関するメカニズム等には未解明な部分が多く、諸課題の抜本的な解決には至っていない。多岐にわたる分野において、継続的な知見の集積に努めるとともに、蓄積された研究成果を有効に活用してメカニズムの解明や課題の抜本的解決のために必要な調査研究等を行っていくことが必要である。また、調査研究を効果的かつ効率的に推進するため、国、関係地方公共団体及び各研究機関等の連携・情報共有等をよりいっそう図っていくことが必要である」との認識をふまえて、本条文（第九条「調査研究等」）は書かれている。この法律は、滋賀県を始め琵琶湖に関係する者すべてが待望していたものであり、今後これが実効性をもつことによって、国の力も背景にした琵琶湖環境保全政策が飛躍的に進展することが期待される。したがって、当然それに呼応して次の一〇年を目指す当研究センターの研究も、上記の「琵琶湖研究連携機構」や「国立環境研究所琵琶湖分室」という新たな仕組みと協働して、いっそう大きなステップアップを図ることが求められる。

6　持続的政策に加えて生存可能社会への模索を

一九九五年（平成七）一月一七日早朝、突然、神戸を襲った阪神・淡路大震災。琵琶湖・淀川からのライフラインがたたれ、三ヶ月以上も水道のない生活を余儀なくされた地域もある。このとき、人びとが頼りにした水は、井戸水やため池、そして川の水など、いわゆる「近い水」であった。地震による神戸市内の火災では、都市河川を暗渠にして都市から川をうばってしまったことで、防火用水が得られず、被害が拡大し、大勢の死者を出してしまったことも大きな問題であった。

「近い水」を捨て去り、管渠に閉じ込めた「遠い水」に頼りながら、大量に水を使う暮らしにいつの間にか陥っていたことを改めて教えられた震災であった。「もしも蛇口が止まったら」「もしも地震が起きたら」という事態になっても為すすべのない水環境になってしまったのが現在の日本の大都市である。これは琵琶湖・淀川水系だけの問題ではなく、日本全体の課題である。

二〇〇四年（平成一六）の夏から秋にかけて、新潟県三条市や京都府福知山市など、日本中で「思いがけない」水害が頻発した。明治時代以来行われてきた、堤防を高くしダムを建設する「河道閉じ込め」による、「制御論的」な治水政策が万全でないことが露呈してしまったのである。「河道閉じ込め型治水」の限界はその後、各地で露見した。二〇一五年に起こった栃木県鬼怒川の水害はまだ記憶に新しい。社会的に問題であるのは、ダムや堤防の安全性が流布するなかで、人びとの間に実態と異なる「安全神話」が広まり、それが洪水に無防備な地域社会をつくりあげ、よりいっそうの被害拡大につながってしまったのではないか、ということである。洪水は自然現象であるが、水害は社会現象である。

水害の被害構造を社会的に調べながら、その対策をとるソフトな方策の重要性が見えてきた。それはとりもなおさず、川と人、水と人との「共感」という精神回路をつくりだすことである。洪水の危険性は、洪水によってできた日本に暮らす限り、ゼロにはできない。このようななかで、「河道閉じ込め型治水」の効果と限界を見極めた滋賀県は、二〇一四年三月に、流域で水を溜め、いざというときに流域で受け止め、住民を避難させることまで組み込んだ「滋賀県流域治水の推進に関する条例」を全国で初めて制定した。

二〇一一年（平成二三）三月一一日の東日

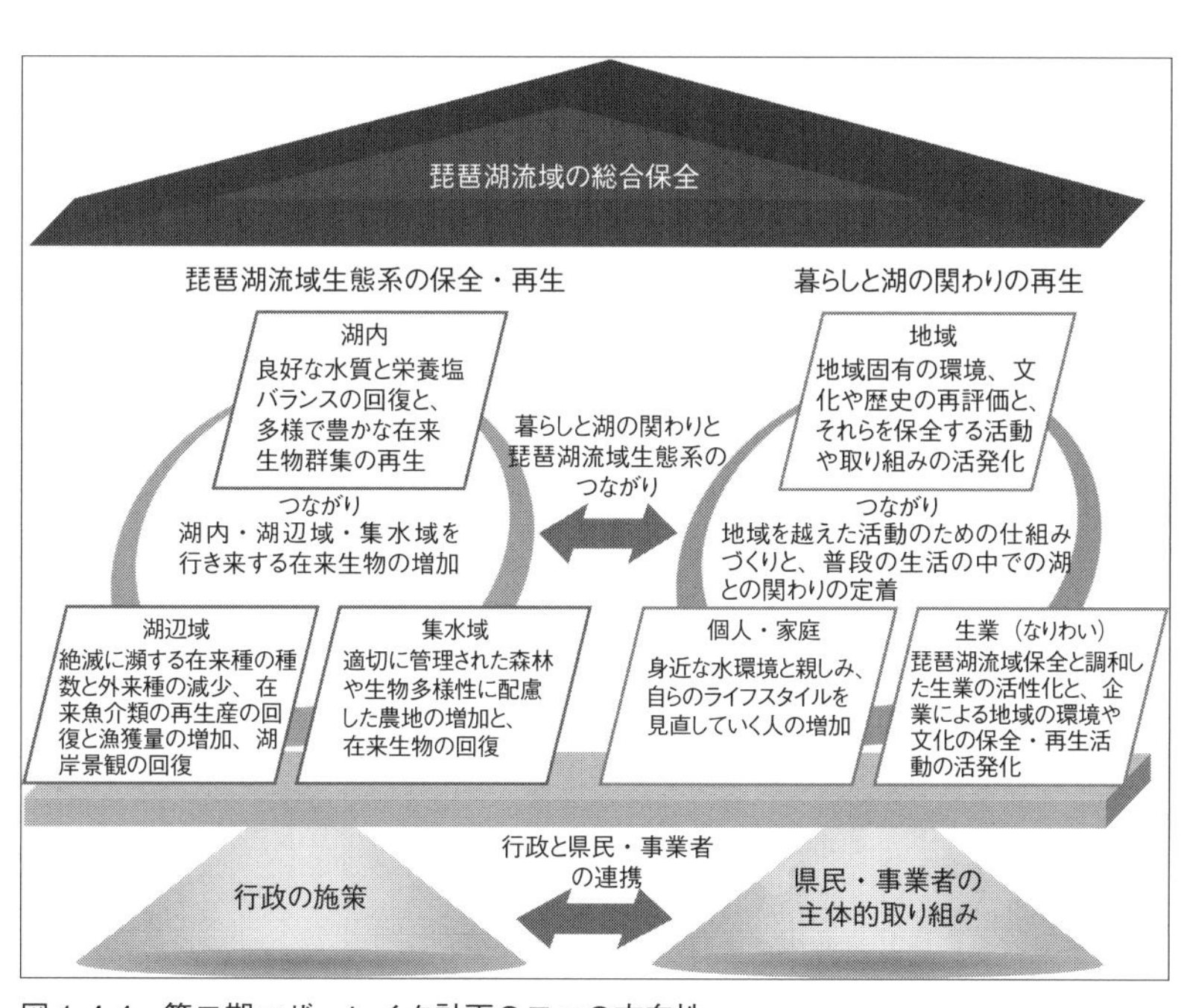

図 1-4-4　第二期マザーレイク計画の二つの方向性

出所）滋賀県。

本大震災。未曾有の津波が福島県から宮城県、岩手県の太平洋岸の町や村をなぎ倒し、福島第一原発を襲った。福島第一原発では電源装置が破壊され、これまで日本が経験したことのない原発の大事故を起こしてしまった。地震と津波で家々を破壊され、逃げまどう人びとの頭上に、原発事故で大量に発生した見えない放射能が降り注ぐ。原発の事故は起こらないはずだった。放射性物質は原発敷地内部に閉じ込められるはずだった。だから、放射性物質のモニタリング施設もなく、見えない汚染物質がどこまで広がっているのか分からないまま、人びとは逃げまどったのだった。

これまでの一連の環境政策の背景を見ていると、「制御論的な知」のみに依存した政策づくりがなされるのは「精神としての植民地化」が奥深く進行しているからではないか、という危惧を抱かざるをえない。環境は本来、地域社会の生態系と社会組織に埋め込まれ、そこに独自の文化をつくりだしてきたトータルな存在である。

いくつかの新しい政策の方向が今、生まれ始めている。滋賀県では二〇〇〇年（平成一二）に始まった「琵琶湖総合保全計画（マザーレイク計画）」が二〇一〇年（平成二二）に改定された。それまでの「水質保全」「水源かん養」「自然的環境・景観保全」という目標をとりまとめ、県民とともにつくる県民協働プロジェクトを、琵琶湖環境科学研究センターが立ち上げた。そのワークショップで県民のみなさんと交わした対話を通して見えてきたのが、生活文化や産業などいわば「暮らしと湖の関わり」の重要性だった。このような経過を経て、第二期のマザーレイク計画では、「琵琶湖流域生態系の保存・再生」と「暮らしと湖の関わりの再生」を二つの柱とした。いまや「生態系の再生」は全国各地共通の政策となっているが、湖と人びととの「関わりの再生」を環境政策の柱としている自治体はほとんど見られない。このような政策が実現したのは、「関わりの再生」の起源を、昭和三〇年代の琵琶湖辺の暮らしとして具体的に示すことができたからだ。この背景には、琵琶湖研究所から琵琶湖博物館という、滋賀県ならではの独自の人文・社会科学的研究の成果が蓄積していたからといえるだろう。まさに研究成果の政策的応用である（図1‐4‐4）。
また、東日本大震災に伴う原発事故を契機に、滋賀県では、近接する若狭湾岸に集中立地する原発施設が、万が一事故を起こした場合の琵琶湖・滋賀県への潜在的な影響について、独自のシミュレーションを行い、地域防災計画などに反映している。本書の第三部で詳しく解説している通りである。

このような科学的対応が政策現場で可能となったのは、琵琶湖環境科学研究センターのような独自の研究機関が大きなソーシャルインフラとなったからといえる。また、琵琶湖の本質的価値を県民の間に広めてきた琵琶湖博物館の役割も大きい。研究と行政をつなぐ社会的インフラとして、琵琶湖環境科学研究センターや琵琶湖博物館の果たす役割は今後もますます大きくなっていくだろう。

7　「暮らしとかかわりの再生」を目指す住民協働への期待

これから私たちは、将来世代に向けて「安心の種」と同時に「自律の素」を埋め込むような活動が必要ではないかと考えている。これからの実践に向けての知のあり方においては、①制御論と共感論が補完しあう状況をつくりだし、②モノとしての水循環の再生をはかり、③生活にうるおいを与える美しい水辺風景の発見と維持を目指し、④生活に活力を生み出す水と生き物とのつながりを再生する、という方向が必要であろうと思われる。したがって、行政や専門家だけではなく、ふだん意識的あるい

写真 1-4-3　グループでの話し合いの様子（マザーレイクフォーラム運営委員会提供）

は無意識的に琵琶湖とつながって暮らしている生活者が一緒になり、琵琶湖の課題を共有し、これからの「琵琶湖流域生態系の保全・再生」や「暮らしと湖のかかわりの再生」に向けた取り組みを進めていく必要がある。

こうした背景から、前述のマザーレイク二一計画（第二期）の策定にかかわったメンバーが中心となって、二〇一二年三月に「マザーレイクフォーラム」が設立された。マザーレイクフォーラムは、県民、事業者、専門家、行政など多様な主体が、琵琶湖のあるべき姿に向けて「マザーレイク」の名のもとに集い、母なる琵琶湖を愛する思いや課題によってゆるやかにつながることを通じて、新たな活動を展開することを目的としている。具体的には「つながりに気づき、つながりを築く」場や機会を提供するとともに、マザーレイク二一計画の進行管理および評価・提言を行う役割も担っている。その主な活動の場として年に一回開催される「びわコミ会議」の紹介をしよう。

琵琶湖流域の保全・再生にかかわる人たちが一堂に会し、お互いの立場や経験、意見の違いを尊重しつつ思いや課題を共有し、琵琶湖の将来のために話し合うのが「びわコミ会議」であり、毎年八月頃に開催される。びわコミの「びわ」は琵琶湖を指し、「コミ」は英語のコミュニティ（地域）、コミュニケーション（対話）、コミットメント（約束）の頭文字を指す。平成二八年（二〇一六）八月二〇日には第六回びわコミ会議が開催され、県内外から二一二名（七六団体）の人びとが参加し、「恵み　味わい　暮らし　つなぐ」をテーマに琵琶湖の食やそれをとりまく私たちの営みなどについて報告を聞き、話し合った。

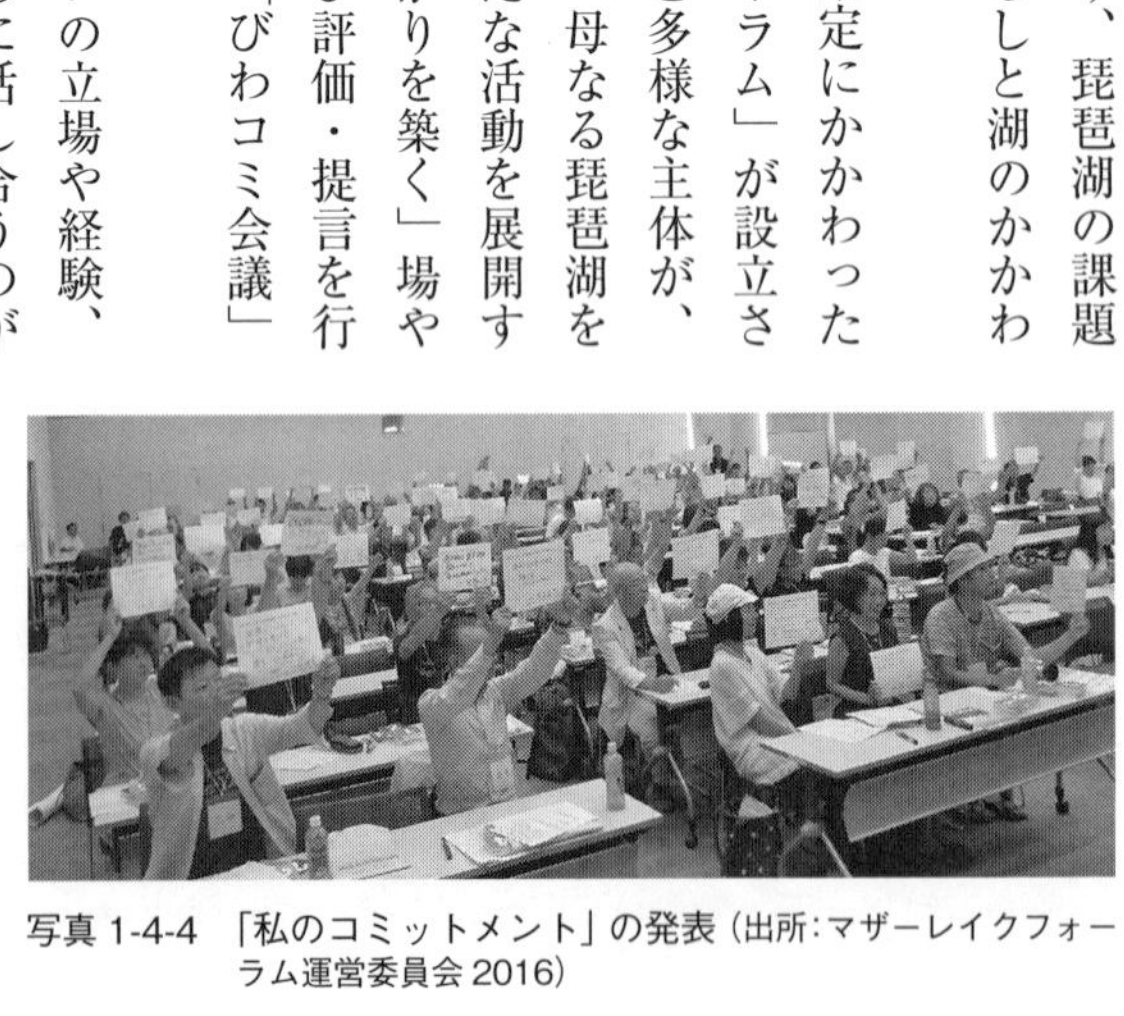

写真 1-4-4　「私のコミットメント」の発表（出所：マザーレイクフォーラム運営委員会 2016）

午前のプログラム「みんなつながる報告会」では、五つの団体が琵琶湖の「恵み」や「食」「暮らし」、また、森から川、琵琶湖までの「つながり」にかかわる取り組みについて報告した。びわコミ会議における取り組み報告が従来の活動発表などと異なるのは、その取り組みが琵琶湖の環境や社会とどのような関係にあり、またその状況がどうなっているのかを、指標やデータをもとに合わせて確認できることである。そうすることで、報告者および聴衆は取り組みと琵琶湖とのつながりを理解し、また今後の方向性について検討することが可能となる。これら指標やデータについては「びわ湖と暮らし」という冊子に総合的にまとめられている。マザーレイクフォーラムのウェブサイトからダウンロードできるので、ぜひご参照いただきたい（http://mlf.shiga.jp/biwacomi）。

午後のプログラム「びわ湖のこれから話さへん？」では、「びわ湖と活動連携」「びわ湖と外来種」「びわ湖と漁師」など一五のテーマ別グループに分かれて、現在の課題や今後の取り組みなどについて話し合った。進行を担当するのは、そのテーマについて話し合いたい市民団体や行政、研究者などであり、ふだん話し合う機会のない人びととの対話を楽しんでいた（写真1‐4‐3）。グループでの話し合いを終え、メイン会場に戻ってきたところで、これから一年間、自分が琵琶湖のために何をするかを宣言する「私のコミットメント（＝約束）」が発表された。「琵琶湖畔で家族とキャンプをする」「湖魚をもっと食べる」「毎日琵琶湖の水に感謝する」など、多様なコミットメントが提示された（写真1‐4‐4）。最後に各グループの代表者が登壇し、グループ内での話し合いの様子と、各グループでまとめた「キーセンテンス」が発表された。そして「ビワマスを通して向こう側にある暮らし、環境に思いをはせよう！」「ファザーフォレストを守り活かす滋賀ライフスタイルの発信！」などのキーセンテンスが「びわ湖との約束」として取りまとめられた。これらは行動指針として活用されていくとともに、マザーレイク二一計画の見直しの際にも活用することが検討されている。このように、一日のプログラムを通じて、多様な主体が琵琶湖の現状と課題を共有し、それぞれにできることを考える仕組みが整えられつつある。

第二部では、「真の持続可能社会」を目指す「滋賀モデル」が、東近江市を事例にくわしく示される。さらに、温暖化の影響などで災害が広域化・複雑化する今の時代には、持続可能社会を目指すことと並行して、生存可能社会を模索することも求められるのだろう。

（嘉田由紀子・内藤正明・佐藤祐一）

参考文献

マザーレイクフォーラム運営委員会　二〇一六「第六回マザーレイクフォーラムびわコミ会議の結果概要」http://mlf.shiga.jp/PDF/H28_biwacomi6_result.pdf（二〇一八年二月七日閲覧）。

第Ⅱ部　真の持続可能社会をめざす「滋賀モデル」

内藤正明
金　再奎
岩川貴志

第1章　地域からつくる持続可能社会

1　持続可能社会をどう定義するか

持続可能な社会の基本ともいえる「持続可能な発展（Sustainable Development）」に通じる概念の登場は、一八世紀後半まで遡ることができる。しかし、この言葉が世界中に広がったのはここ数十年のことで、そのきっかけは、国連の「環境と開発に関する世界委員会」が一九八七年に発表した「我ら共有の未来（*Our Common Future*）」という報告書だった。この報告書では、「持続可能な発展とは、将来の世代が自らの欲求を充足する能力を損なうことなく、今日の世代の欲求を満たすような発展」と定義されている。

このように当初の「持続可能な発展」という概念には、人間の経済活動による環境への悪影響を将来世代にツケとしてまわさないという視点が根底にあったが、一九九二年の地球サミット（ＵＮＣＥＤ）で採択された「アジェンダ二一」においては、経済と環境との関係のみならず、社会的、制度的な問題も広く包含されるようになった。

それ以来、世界を挙げて持続可能な発展または持続可能な社会とは何かについての議論がなされてきたが、国際社会で統一的な定義が存在するわけではない。さまざまな機関・組織などによって、それぞれ解釈されているのが現状である。

持続可能な社会とは何かについて論じた文献も数多く存在する。森田らが、一九七〇年代後半から九〇年代前半までの間に発表された文献を分析しているが[*1*2]、これらによると、その概念は大きく「自然条件を重視して規定されたもの」「世代間の公平性を強調したもの」「社会的正義や生活の質など、より高次の観点から展開するもの」の三つに分類されている。

このように、さまざまな方面から考察されている「持続可能」という言葉であるが、それらに共通しているのは、「気候変動や生物多様性の減少、資源枯渇などのような、人為的な影響によって起こりうる環境の悪化が一定の限度を超えないよう配慮しながら、質の高い社会を実現すること」という要素である。

本章で取り上げる「持続可能な滋賀社会ビジョン」（以降「滋賀モデル」と称す）の例も、目指すべき持続可能社会の要件を「二〇三〇年までに県内からの温室効果ガス排出量を、一九九〇年比で半減させるという制約のなかで、地域がその豊かさを高めることができるような社会」として、滋賀県全体の将来の姿について検討したものである。

2　持続可能社会に向けて何をすればいいのか

日本を含み世界各地で模索されている持続可能社会の姿は、導入される対策や技術の側面から比較してみると、大きく二つのタイプに分けて整理することができるだろう。第一のタイプは、国が先導するような大規模な先端技術に依存する「先端技術型」である。欧米や日本などの工業先進国が歩んできた道の延長上にあり、現在の社会の仕組みを大きく変えることなく、物的・経済的な豊かさを追求できる社会である。第二のタイプは、地域レベルで開発されるような小規模な適正技術を取り入れるとともに、今の社会構造を大きく変える「自然共生型」である。その特徴は、自然生態系との調和のなかで、自然の生産力を維持・活用しながら社会のあり方そのものを変えていこうとする点にある。

これら二つのタイプにはそれぞれに課題がある。自然共生型の社会では、市民の生活スタイルが大きく変化することになるために、その選択は、社会の構成員の価値観にまで大きくかかわってくる。一方、先端技術型の社会には多額の資金や高度な技術基盤などが必要であり、大規模な資本を持つ国や大都市にしかその可能性がない。その反作用で地域社会がますます取り残されてしまう懸念がある。これが今、日本において大きな課題で、「地方創生」を政府が進める背景である。このことを考えると、これら二つのタイプのうち、私たち地方で研究をする立場としては、地域に基盤を置く「自然共生型」の社会を目指すことが当然の流れであろうと思われる。以下では、その必然性と可能性をさらに掘り下げて検討する。

3　地域から持続可能社会を考える必然性

ところで、地球環境問題に端を発した持続可能な社会の実現は、本当は世界人類全体で実現すべきものである。それがなぜ滋賀という地域から考えるのか。それについては、持続可能な社会が提唱されるようになった経緯を振り返る必要があり、世界の社会的・経済的な視点から、大きく二つが挙げられる。[*3]

一つは、グローバルな競争経済がもたらした格差の増大が、地域の経済を低迷させた結果、我が国においては特に若年層の流出と超高齢化が進行し、地域社会そのものの存続が危ぶまれているということだ。したがって、持続可能な社会へ転換することによって地域を再生することの必要性は高い。

もう一つは、そもそもの原点である環境の視点から、地域の重要性が理解されるということだ。特に、持続可能社会の将来像の一つとして「自然共生型」を考えた場合、それが可能なのは自然豊かな地方の農山村である。低炭素社会、さらには脱炭素社会への転換のためには、再生可能エネルギーが大事な選択肢であるが、その活用に適しているのは自然資源の豊かな地方である。また、石油資源の枯渇の危機も一九七〇年代から訴えられてきた。国際エネルギー機関（IEA）によるレポート「世界エネルギーアウトルック二〇一〇年版（World Energy Outlook 2010）」では、世界全体における従来型の石油生産量はすでに二〇〇六年にピークを迎え、今後再び増加する見通しはないと明言されている。このように入口・出口の両面から化石エネルギーに支えられた社会の限界が明らかになってきた。

さらに加えて、二〇一一年に起きた東日本大震災によって、大規模技術とそれに支えられた都市社会の脆弱性が痛感された。大きな自然災害では、系統電力や都市ガスといったライフラインが破壊される可能性が高い。大規模になればなるほど、その復旧に長期間を要する。そのような事態を経験し、地元の自然エネルギーや水、食料などの備えをしておくことの重要性に誰もが気づいた。そこから、地域での食料・エネルギー・ケアの自立を目指す「FEC自給圏*4」という構想も提唱され、各地で取り組みが始まっている。それが可能なのは、まさに地方社会である。

特にエネルギーに注目して、持続可能社会におけるその望ましいあり方を考えると、これまでのエネルギー政策の主流であった大規模な生産・供給体制をまず見直すことが必要となる。さらに原子力発電の先行きが不透明となったことも、自然エネルギーの重要性に気づかせた。最初はメガソーラーや洋上風力といった、大きな資本を投入した大規模設備が中心であった。しかし、自然エネルギーは（地熱を除けば）すべてが太陽に由来しているので、土地の面積に依存し、かつ面的に低密度である。このため、その利用には大規模集中型は不向きである。

それより、各地域がイニシアティブを持って、自然エネルギーをつくり、使うことが必要になる。さらに近年では、地域に吹く風も照る太陽もそこに住む皆のものであるとして、「市民協働発電」などの動きが見られ始めている。その結果、地域から都市産業系への富の流出が減り、地域経済の再生の一助となることが期待されている。

エネルギーとは社会の姿を形づくるものである。地域単位でかつ地域が主体の再生可能エネルギーを活用するということは、その地域の自立的な生活、生産システムをつくることになる。それは、地域住民の日常的な暮らしやそれを支える社会インフラまで含めて、将来の地域社会の姿そのものを考えることにつながる。

4 「持続可能な滋賀社会ビジョン（滋賀モデル）」の概要

ビジョン作成の背景

持続可能社会が世界中で模索されてきたが、我が国では府県レベルでの本格的な計画は少ないといっていいだろう。しかし滋賀県では、知事主導で持続可能社会を滋賀から発信することになり、今から一〇年ばかり前に筆者らの滋賀県琵琶湖環境科学研究センターと県行政が連携して構想づくりが進められた。それが「持続可能社会の実現に向けた滋賀シナリオ」[*5]としてまとめられ、これを参考にさらに検討が重ねられ、県の正規の手続きを経て「持続可能な滋賀社会ビジョン」[*6]として策定された。そして県の諸計画と密接に関連する重要な計画として位置づけられた。

ビジョン作成の作業は、研究サイドが県政に一歩先行する形で進行し

写真 2-1-1　滋賀ビジョンでの取り組み。あいとうふくしモール（東近江市）に設置された市民共同発電方式（市民出資）による太陽光発電パネル（あいとうふくしモール提供）

たが、両者は常に密接に連携していた。行政研究として理想的な形で進んできたといえよう。しかし、県議会で「この持続可能な滋賀社会ビジョンは研究機関の主導でなされているのではないか。県行政の主体性はどこにあるのか」という質問が出たこともあった。このように、研究機関と行政の立場から情報発信をするには十分な注意が必要である。

ビジョンを定量的に描くツールの開発

二〇〇五年、筆者らの滋賀県琵琶湖環境科学研究センターに「滋賀県持続可能社会研究会」が設置された。この研究会では、持続可能な滋賀の実現を考えるにあたって、まず目標を達成したときの「社会のスナップショット」を定量的に描くツールを開発した。[*7] その主な概要は以下の通りである。

一般に、都道府県や市町村のような地方自治体レベルでは、マテリアルフローやエネルギーバランスなど地域データが未整備であることが多く、環境負荷発生量や対策削減効果を定量的に把握することが困難であった。そこで、各種の統計資料などをもとに現状の地域エネルギーバランス表を作成するためのフレームを構築し、滋賀県に適用した。エネルギーバランス表をもとに化石燃料の燃焼に伴う大気中への二酸化炭素排出量を原単位として用いれば、地域全体における燃料種別・部門別の二酸化炭素排出量の推計が可能となる。

次に、推計の時間スパンをどうするか。知事と県行政との合意で目標年が二〇三〇年と設定されたので、それに合わせたスパンで推計を行うことが求められる。

こうしてマクロ経済の動向とその下での民生・産業・運輸部門の諸活動、これらの活動に伴うエネルギーバラ

写真 2-1-2　滋賀県平和祈念館（東近江市）に設置された市民出資による太陽光発電パネル（東近江市提供）

ンスや二酸化炭素排出構造の変化の関係を、複数のモデル群により表現し、それらを連結させることで社会経済活動から環境負荷までを一連のものとして推計するツールを作成した。これは省エネルギー対策や自然エネルギーの活用など、各種対策の導入量の設定とそれによる効果の推計も内包しており、将来社会のスナップショットを具体的に描くことができる。

このツールを滋賀県に適用し、二〇三〇年の将来像を定量的に描いたのが「持続可能社会の実現に向けた滋賀シナリオ」[*8]であり、それをもとに県の政策として位置づけたのが「持続可能な滋賀社会ビジョン」[*9]である。

ビジョンの概要

【二〇三〇年における滋賀県の社会経済】

まず、開発したツールで二〇三〇年における滋賀県の産業・家庭・業務・運輸部門の活動量を推計した。これをもとに、エネルギー消費量とそれに伴う温室効果ガスの排出量の計算を行い、「二〇三〇年時点で温室効果ガス排出量を一九九〇年比で半減」の目標を達成した滋賀の姿を定量的に描いた。二〇三〇年における滋賀の社会・経済の姿は、①人口は現状とほぼ同レベルに回帰し、高齢化が進行、②経済成長は成熟期を迎え、第三次産業の役割が大幅に増加、③雇用に占める女性と高齢者の割合が向上したものになっていると想定した。

写真 2-1-3　滋賀県琵琶湖環境科学研究センター（大津市）に設置された太陽光発電

【目標達成のための対策手段】

二〇三〇年の社会像として二つのケースを想定した。一つは「成り行きケース（二〇三〇ＢａＵ）」であり、技術水準やエネルギー構成などを現状に固定し、産業構造の変化と県ＧＤＰおよび人口の伸びだけを反映させたものである。もう一つは「温室効果ガス半減ケース（二〇三〇対策）」であり、さまざまな排出削減手段を織り込むことで、温室効果ガス排出量を二〇三〇年に一九九〇年比で半減する目標を達成するものである。「二〇三〇ＢａＵ」では、温室効果ガス排出量が一九九〇年比で一五％増加することとなった（図２‐１‐１）。

一方、排出量の半減という目標を達成する方法は、盛り込む手段によって大きく二つに分けられる。一つは超高効率技術の開発を期待し、社会全体に高度な先端技術を導入する「先端技術型」、もう一つは、消費や生産のあり方を抜本的に見直し、自然の力を活かしながらその範囲内でほどほどに豊かな生活を実現しようとする「自然共生型」である。このいずれに重きを置くかは、最終的には県民の選択によるが、ここでは高度技術の可能性を一部織り込みつつも、滋賀にふさわしい「自然共生型」に軸足を置いた社会像を描くこととした。

写真 2-1-4　あいとうふくしモール（東近江市）に設置された薪ストーブ（あいとうふくしモール提供）

表２‐１‐１に、本研究で目標を達成するために取り入れた主な削減手段の内訳を示す。エネルギー効率の高い技術や国全体の電源構成の変化による電力消費からの温室効果ガス排出量の変化を織り込みつつも、都市の構造や交通システム、ライフスタイルの変更など、社会システムの大胆な変革を加えたものである。

図２‐１‐１は、今回のツールによって求められた滋賀における「一九九〇年」「二〇三〇ＢａＵ」「二〇三〇

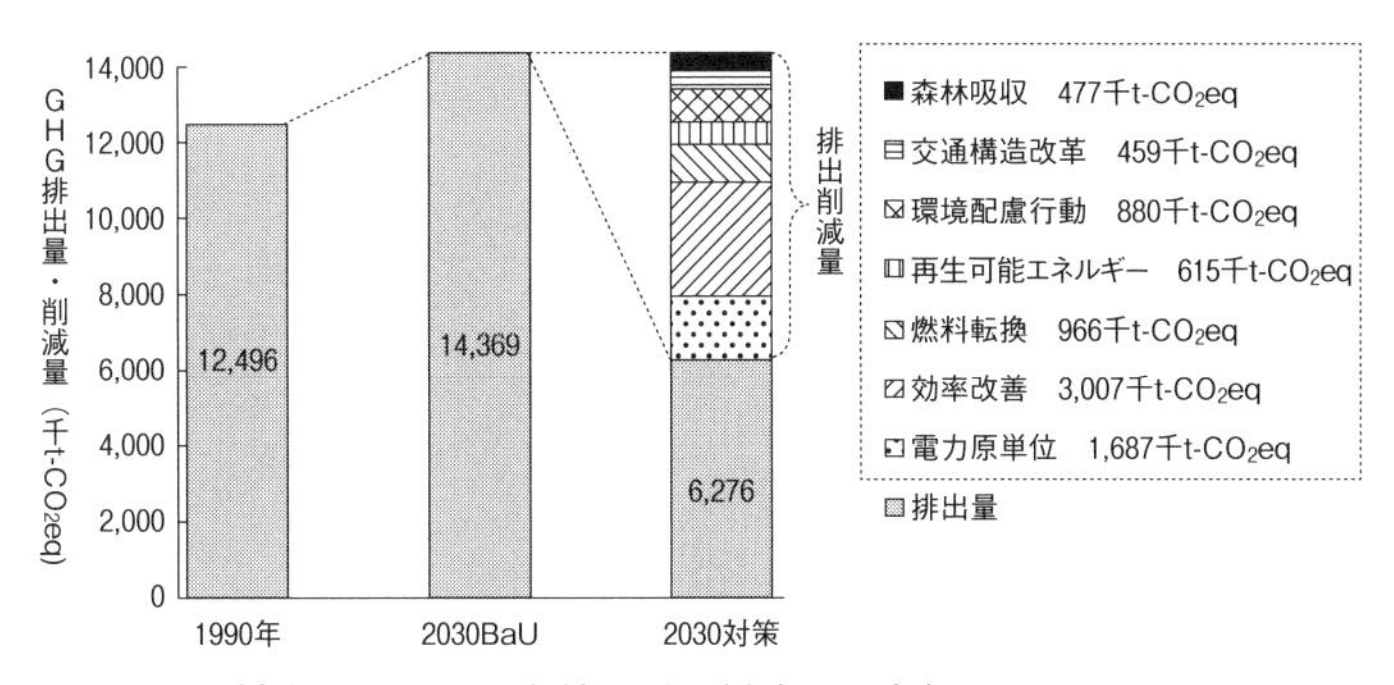

図 2-1-1　対策別に見た温室効果ガス削減への寄与

表 2-1-1　取り入れた主な対策手段

部門	項目（手段）	2030 年に達成されているべき状態	到達するために現在されるべきこと
家庭	バイオマス暖房	10%の家庭に普及	暖房器具の買い替え時にバイオマスを選択
	パッシブソーラー暖房	10%の住宅に普及	新築、リフォーム時に据付
	太陽光発電	20%の住宅に普及	継続的な普及拡大
	太陽熱温水器	20%の住宅に普及	継続的な普及拡大
業務	バイオマス暖房	普及率 10%	普及開始
	省エネルギー行動	ほぼすべての事業所に普及	普及開始、教育
	太陽光発電	15%の建物に設置	普及拡大
産業	機器のエネルギー効率	全体で 28%の効率改善	設置更新時にエネルギー効率の高い機器を選択
	燃料シェア転換	天然ガス 26%、石油 39%、石炭 0.9%、電力 34%	設備更新時に低炭素排出の燃料を選択
旅客輸送	コンパクトシティ	地域内の平均移動距離が 25%減	都市の外延化の防止、中心市街地活性化
	公共交通　自転車・徒歩	鉄道のシェアが 36%（2000 年 31%）	公共交通機関の整備（利便性向上）
		自転車・徒歩の合計シェアが 16%	歩道、自転車、信号等の整備
	バイオマス燃料	普及率 10%	一部で導入開始
貨物輸送	物流合理化	生産額あたりの輸送量が 3 割減	物流センター等を整備
	モーダルシフト	遠県へのトラック輸送の 50%が鉄道へ	貨物鉄道の整備
		県内の 10%が湖運へ	計画・構想
	バイオマス燃料	普及率 10%	導入開始
その他	森林整備	県の人工林すべてを管理（適正間伐など）	整備計画策定とその実行、森林整備財源の調達
	廃棄物リサイクル	プラスチックのリサイクル率を 36%向上	分別収集・再利用を促進

対策」それぞれの温室効果ガス排出量と、「二〇三〇対策」のなかの各手段が担う削減効果の割合を示したものである。また表2‐1‐1に記したさまざまな削減手段を、①森林吸収、②交通構造改革、③環境配慮行動、④再生可能エネルギー、⑤燃料転換、⑥機器の効率改善、⑦電力原単位の改善に分類している。①～⑤が主に「自然共生型」の手段であり、滋賀独自の取り組みが期待されるものである。⑥と⑦は、主に「先端技術型」の手段であり、現状の発展型で導入可能であるが、一部の先進国・地域でのみ可能な手段である。

ビジョンの特徴

ビジョンの特徴をいくつかに要約する。

第一に、それは単に地球環境危機の進行を防止する「緩和策」ではなく、「適応策」との共通政策である。もはや事態は、地球の危機、または石油の高騰を前提にする段階にきているという認識が定着し始めていることを考えれば、この滋賀の方向はそれほど特異ではなかろう。

第二に、それは、このような条件を満たすために、国が提唱するような巨大先端技術型ではなく、滋賀の自然や社会、技術、文化などに立脚した、「自然共生の地域自立型」のものである。それゆえに、高度な工業技術や巨大資本の蓄積がない多くの地方社会でも途上国でも参考になるはずである。日本国の社会像と滋賀のそれとを対比して象徴的に描いたイラストが図2‐1‐2である。

第三に、このような特徴から、そのビジョンは単に温暖化だけを視野に入れた「低炭素社会」ではなく、石油ピークや各種の資源枯渇も考慮した脱資源（循環型）社会、さらにこのような資源と環境の危機をもたらした、大量生産およびそれと表裏一体となったグローバルな経済構造の転換までを視野に入れた、まさに「真の持続可能社会」というべきものである。

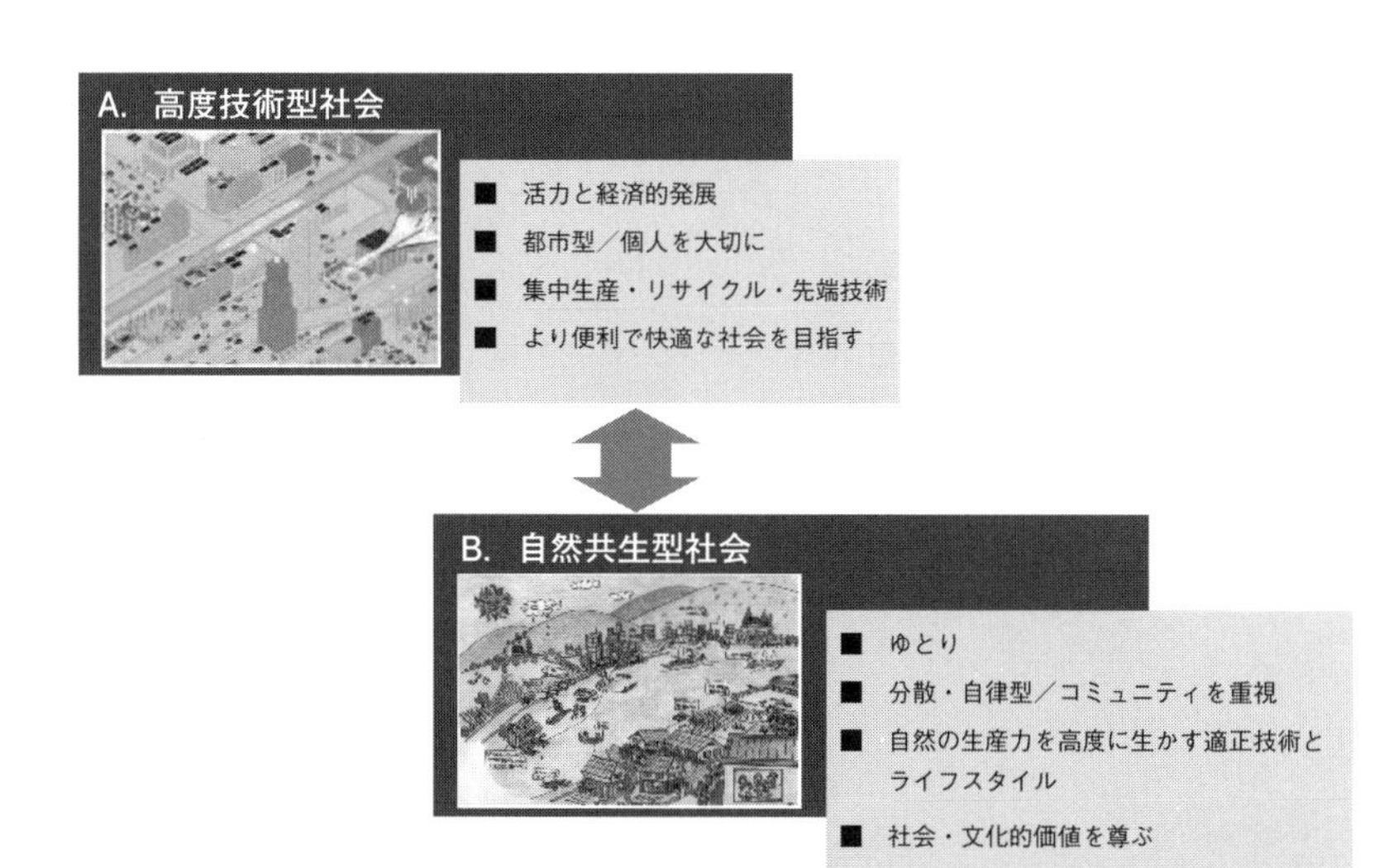

図 2-1-2　高度技術型社会と自然共生型社会

注）国立環境研究所・今川朱美氏の作画を用いて、滋賀県琵琶湖環境科学研究センターが作成。

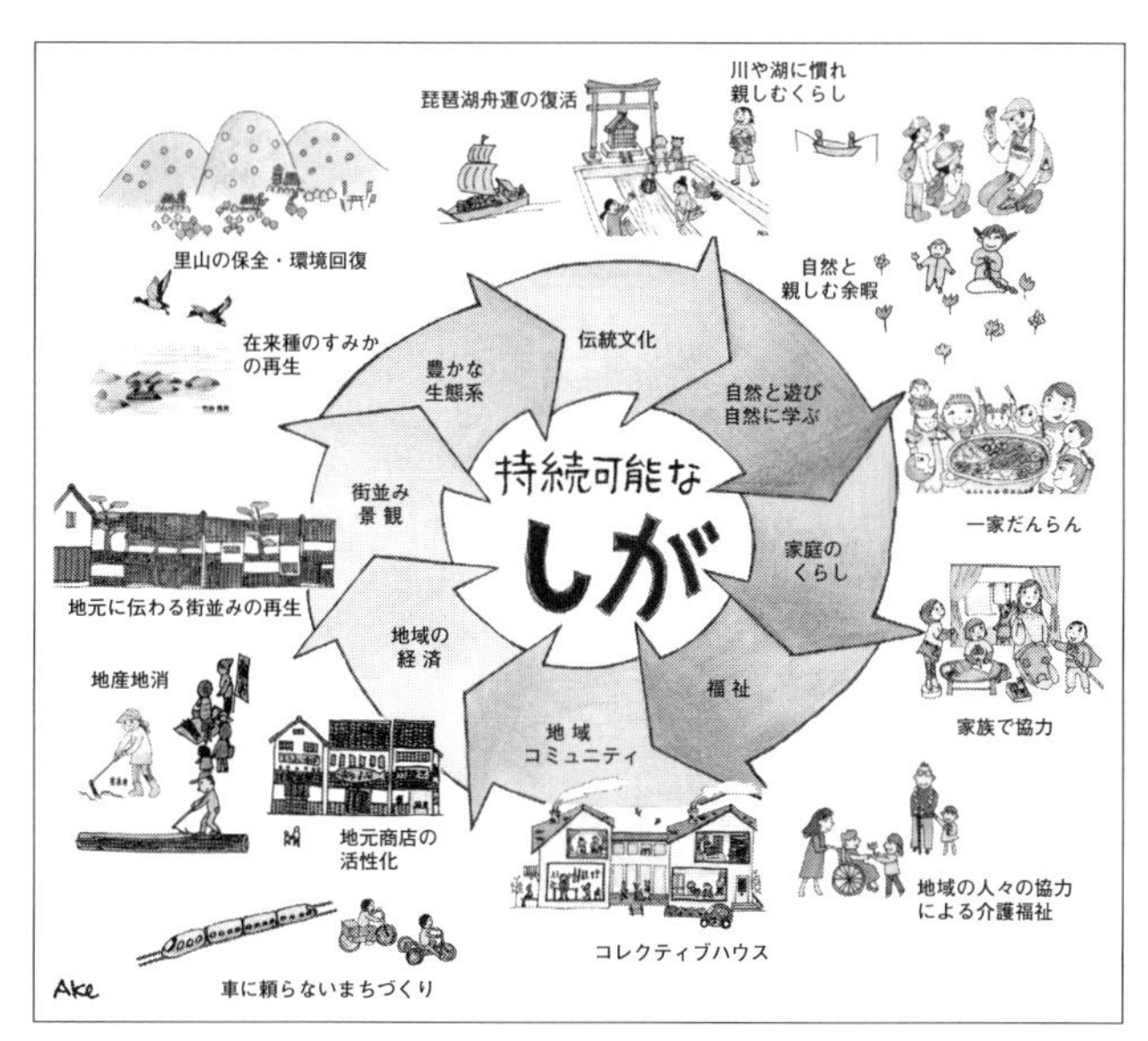

図 2-1-3　持続可能な滋賀社会のイメージ

注）今川朱美氏の作画を用いて、滋賀県琵琶湖環境科学研究センターが作成。

図2-1-3は、持続可能な滋賀社会のイメージを示したものである。

注

＊1　森田恒幸／川島康子／イサム・イノハラ「地球環境経済政策の目標体系——『持続可能な発展』とその指標」『季刊環境研究』第八八号、一九九二年。

＊2　森田恒幸・川島康子「『持続可能な発展論』の現状と課題」『三田学会雑誌』第八五巻四号、一九九三年。

＊3　金再奎・岩川貴志・佐藤祐一・内藤正明・高田俊秀「持続可能社会の実現に向けた滋賀シナリオ」『滋賀県琵琶湖環境科学研究センター試験研究報告書』第三号、二〇〇八年。

＊4　内橋克人『共生経済が始まる——世界恐慌を生き抜く道』朝日新聞出版、二〇〇九年。

＊5　滋賀県持続可能社会研究会「持続可能社会の実現に向けた滋賀シナリオ」二〇〇七年（http://2050.nies.go.jp/report/midterm/file/shigascenario_j.pdf）（二〇一七年二月閲覧）。

＊6　滋賀県「持続可能な滋賀社会ビジョン」二〇〇八年（http://www.pref.shiga.lg.jp/d/kankyo/sd_shiga.html）（二〇一七年一二月一五日閲覧）。

＊7　五味馨・島田幸司・松岡譲「地方自治体における総合環境負荷推計ツール開発と滋賀県への適用」『環境システム研究論文集』第三五巻、二〇〇七年。

＊8　滋賀県持続可能社会研究会（前掲）。

＊9　滋賀県（前掲）。

第2章　持続可能な地域社会の実現シナリオ

「滋賀モデル」で目指している真の意味での持続可能な社会を、すぐに県全域で実現するのは難しいので、まず地域に根づいた形で具体化すべきと考えた。その取り組みの代表的な事例として、ここでは東近江市を紹介したい。

1　住民参加のワークショップ

東近江市のプロジェクトは、その滋賀モデルの先駆的な実施例と位置づけられる。東近江市は、いわゆる「平成の大合併」によって、八日市市と永源寺町、五個荘町、愛東町、湖東町、能登川町、蒲生町という七つの市町が合併して誕生した、人口約一一万四千人の市（二〇一五年時点）である。

この東近江市における持続可能社会（ないしは低炭素社会）づくりの大きな特徴の一つは、「ひがしおうみ環境円卓会議」という地域住民を中心としたワークショップにある。市の市民環境部が事務局となり、将来の東近江市のまちづくりを考えるために開いている。この名称だけでは、全国各地で同じような集まりが開催されていると思われそうだが、この円卓会議には、ほかにはないような新しい特徴がある。まず一つは、テーマを環境問題に限定せず、広く社会のあり方全般を議論することである。この円卓会議は、事務局がさまざまな分野で活動している人たち、のべ二七名の委員によって構成されているが、いわゆる「環境」を主目的にして活動している人は、このうち八名である。ほぼ一年半にわたる会議で議論されたテーマは、子育てや空き家対策など、自分たちの生活にかかわる身近な課題全般にわたった。

もう一つの特徴は、会議の運営を支えてきたスタッフの役割分担にある。会場設営や事務連絡などの準備作業は市役所が行い、会議の進行はワークショップのファシリテーションの経験を持つ専門家に依頼した。基本的に会議はこれらのスタッフと参加者らによって進行するが、会場にはその他に、イラストレーターや工学系の研究者が参加した。こうした、これまでにない仕組みでの会議進行を考えた理由は、持続可能社会への転換という、社会全体を大きく変革する目標を持つからである。このような大きなテーマを論じるには、当然これまでにない仕掛けのある場が必要と考え採用したのが、この「円卓会議」という新たな議論の形であった。

ひがしおうみ環境円卓会議は、二〇〇九年度から二〇一一年度にかけて計一三回（有志による小規模な集まりを含めると二〇回近くになる）にわたってワークショップを重ねた。二〇三〇年をターゲットに、持続可能な社会としての東近江市のあるべき姿と、それを実現するための道すじをつくりあげた。

以下に、他地域での同様の試みにとって参考となるよう、この活動の経緯と成果を紹介する。

2　持続可能社会の「シナリオ」とは

先に述べたように、持続可能な社会づくりは地域という単位で考えることが必然である。ここでは東近江市の実践をもとに、持続可能社会を実現するための「シナリオづくり」について説明する。

シナリオづくりの流れは、大きく以下の二つに分けられる。
・現状にとらわれず将来の社会像（＝ビジョン）を考える
・その将来像を実現するための道すじ（ロードマップ）を考える
ここでは「ビジョン」と「ロードマップ」を合わせたものを「シナリオ」と総称する。
まず強調しておきたいのは、はじめに考えるのはビジョンであり、それを実現するためのロードマップは後から考えるということである。一般的にこの考え方は「バックキャスティング」と呼ばれ、あるべき将来の姿というものを最初に想定しておき、それを実現させるために、現在から将来までの間にどのような行動をとるべきかを考えるものである。

持続可能な地域社会の実現シナリオをつくるために必要なこととして、以下のことを重点的に意識しながら作業を進めていくことが必要となる。
・地域の人たちが主体的に参加すること
・将来についてのぼんやりとした考えを論理的にまとめあげること
・現状にとらわれずに自由な発想でビジョンを描いてみること
・可能な限り地域の具体性をおびたロードマップをつくりあげること
・議論の過程を通して地域の豊かさに必要な要素を見いだすこと
・シナリオづくりの議論に基づいた定量的な裏づけを行うこと
それぞれの項目が意味するところについて、くわしく説明していきたい。

写真 2-2-1　ひがしおうみ環境円卓会議のワークショップの様子。まずグループに分かれて分野別に議論

3　市民参加の場づくり

以上のような考え方をもとに、持続可能な地域社会の実現シナリオをつくりあげていくためには、以下のような手順を踏むことになる。

議論の場の設定にあたっての事前準備

地域の将来についての議論をどれだけ盛り上げることができるか、いかに中身が濃く充実感の得られるものにできるかは、

・議論を主催する側が、自分の役割を把握し、円滑に実行できるか
・建設的に議論を進めるため、どのようなメンバーを招くか

の二点に大きくかかっているといえよう。特に持続可能な社会のシナリオづくりは、社会のあり方そのものを全体的に考え直すことが基本であるため、テーマごとに部分的に議論を深めていくのではなく、テーマとテーマのつながりを意識しながら地域社会全体を俯瞰するスタンスで、幅広い議論を展開していくことが必要となる。目的に合わせた進行体制とメンバー選びを心がけることが重要である。

持続可能な地域の将来社会像（ビジョン）づくり

シナリオづくりを始めるに先立ち、まずはどれくらい先の社会像を考えるのかという「目標年」を明確にし、参加者らで共有しておくことが必要である。もし三年後や五年後あたりの近い将来を目標とすると、せっかく思

い描いたビジョンも時間的に実現が難しくなってしまう可能性が高い。かといって五〇年後や一〇〇年後といったあまりに遠い未来を目標とすると、かえって想像力が働きにくくなってしまう。おおよその基準として今から二〇～三〇年後あたりの未来を想定するのが適当であろう。

目標年を共有したら、そこから本格的に地域の将来社会像、すなわちビジョンづくりに着手する。どのような成果をもってビジョンと称するのかについてだが、少なくとも、

・将来の、その地域に住む老若男女あらゆる人びとの暮らしの様子が想像できる
・仕事や教育、子育て、介護、食生活、休日の過ごし方など、人びとの生活がさまざまな側面から描かれている
・これらの内容が、作成にかかわった人に限らず、広く一般の人びとに分かりやすいようにまとめられている
・そこに描かれている社会像が実現可能であることが、ある程度の数値的な根拠をもって裏づけられている

という要件を満たしていれば、表現の方法は自由であり、参加者らの得意分野や興味に応じてさまざまなやり方を工夫することができるだろう。

ビジョン作成のために必要な作業としては、まずはワークショップのような形式で、参加者らの将来の地域に対する希望を抽出し、整理した上で内容を十分に調整し、共有を図ることがある。そして将来の地域のイメージがおぼろげに見えてきた段階で、右に示した要件を満たすようなアウトプットの作成や実現可能性の裏づけ作業に着手し、その内容を参加者らで適宜確認しながら、精査・見直しを繰り返すことによって完成させる。

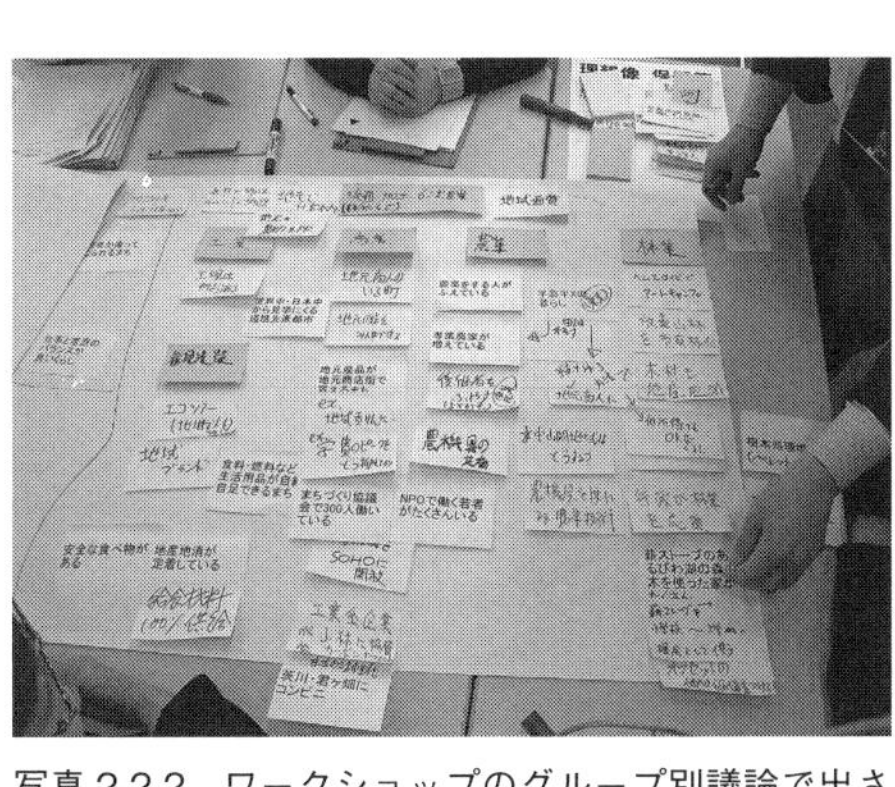

写真 2-2-2　ワークショップのグループ別議論で出されたアイデア

ビジョンづくりの段階で、運営側を含め参加者らが特に留意しなければならないのは、地域の現状や現在直面している個別問題にとらわれ過ぎることなく、まずはできる限り自由な発想で将来の姿を思い描くことである。とりあえずは無難にやれそうなアイデアを並べたり、あるいはせっかくの面白いアイデアでも「難しそうだから」と最初から切り捨てたりすると、できあがった将来の社会像が参加者の真意とはかけ離れたものになってしまう。時間的、物理的に明らかに不可能なものでなければ、ビジョンづくりの段階では、できるだけ多様なアイデアを取り入れ、それを実現させるための方法は後のロードマップづくりのなかで考えてゆけばよい。このような柔軟なスタンスで取り組むことが望ましい。その点からしても、中長期を見すえた目標の設定が必要である。

地域の視点から考えた「豊かさ」の考察

ビジョンをつくりあげる過程で提案された多くの意見を振り返ることによって、参加者らの心の底にある価値観を見出すことができる。議論のなかで提案された、自分たちが希望する将来の社会像に関する数多くのアイデアから、共通する要素を取り出して、なるべく端的な言葉でまとめたものを「地域の豊かさを向上させるために必要な要素」として抽出する。

こうして見出された、地域の豊かさを向上させるための要素は何らかの形で定量的な指標で表現する工夫が必要である。豊かさそのものを定量化することは容易ではないが、豊かさの向上につながる要素がいかに変化したかを追うことで、地域の豊かさの変化を推定することが可能になる。

将来社会像を実現するための道筋（ロードマップ）づくり

持続可能な地域の将来社会像、つまりビジョンが完成し、その過程で参加者らが考える豊かさの要素が見えてきたら、次にそれを実現させるための道筋、すなわちロードマップの作成に着手する。ビジョンづくりは、あくまで、自分たちの住むまちは××年後にこうなっているという、目標年における地域像を具体的に描く作業であった。これに対しロードマップづくりは、現在から目標達成の××年までにいたるスケジュールを描くものである。その内容は「いつごろ、だれが、どこで、どのような」取り組みをすればいいかを、直感的にも理解しやすいように描いたものである。

ロードマップづくりは大きく、

・ビジョンの実現に必要な取り組みのリスト化

・一連の取り組みの整理と体系化

・現在から目標年までの行程表の作成

の三つのプロセスに分けられる。

ロードマップづくりの作業は、まずビジョンのなかで描かれている将来の人びとの暮らしの一つ一つの場面が、実現可能かどうか判断することから始まる。その際の主たる要素には、

・実践する主体（担い手）が存在するか

・実践のために必要な環境（場所など）が存在するか

・既存の法制度などの条件をクリアできるか

ということが挙げられる。

何らかの問題点が存在する取り組み（おそらくビジョンに記されているものの大半が該当するであろう）については、その問題をクリアするためにど

写真 2-2-3　議論のとりまとめ

うすればよいかを、繰り返し検討する。たとえば、若い農業の担い手が増えるというビジョンであれば、それを育成するコーディネーターや都市部からの移住を促す仕組みが必要である。あるいは、多くの人が自家用車から自転車に乗り換えるというビジョンであれば、自転車専用道や駐輪場を増やす必要があるなど、前提として求められる新たな取り組みを提案する。その取り組みについても、右記のような基準で、容易に実践可能か、もし難しければ、それを実践するためにはさらにどのような取り組みが必要なのか……といった、「課題の抽出」と「解決策の提案」を、おおむねすべての取り組みが実践可能になるまで繰り返す。これによって、現在から目標年までにビジョンを実現するのに必要な取り組みが網羅されることになる。おそらくこの時点で、ビジョンを実現するために採用される取り組みは相当な数にのぼるであろう。数十年後の未来とはいえ、現在から目標年までの間にこれらの取り組みをすべて実践するためには、ある程度の効率性の検討も求められる。

さらに、取り組み相互の因果関係を整理して、取り組みAを済ませてからでないと取り組みBに着手できない（たとえば、都市計画の改定を行わなければ、工事に着手できない）、取り組みCと取り組みDは同時に実施するのが望ましい（たとえば、市街地のマイカー利用を規制するならば、同時に公共交通を充実させることが望ましい）、あるいは取り組みEが拡大すれば取り組みFもおのずと進展する（たとえば、行政が自転車専用道を整備すれば、市民は自転車を利用しやすくなる）といった視点から、個々の取り組み間のつながりを明らかにしていく。この作業を繰り返すことで、最終的には、ビジョンを実現するために必要なすべての取り組みが、いくつかの大きな取り組みとして体系化されることになる。

最終的には、個々の取り組みを実施するにあたり必要な「労力」や「資金」あるいは必要な「期間」などをもとに、体系化された取り組みを実施するための現在から目標年までの行程表（スケジュール）が作成されることになる。

4　議論の場をもうける前の準備作業

運営スタッフの役割

地域の将来についての議論をどれだけ盛り上げることができるか、いかに中身が濃く充実したものにできるかは、運営スタッフの力量にかかっている。運営スタッフとして以下のような役割を担う人が必要である。


【全体のとりまとめ】

全体のコーディネーターとして、議論の企画、メンバー構成、進行など全般を考える役割である。ワークショップの運営に精通している人に依頼することが望ましいが、人員の都合によっては、次の「議論の進行」を担うスタッフが兼任したり、スタッフ全員の話し合いによって行うこともある。


【議論の進行】

ワークショップで「ファシリテーター」と呼ばれる役割である。議論の場で参加者ら一人一人の意見を聞き出し、その場で整理することで、参加者が自他を含めた話の全体を理解し、建設的に議論を進めるための手助けを行う。基本的に、一つの議論の場につき一人の進行役が必要で、グループ単位で議論を進める場合にはそのグループ数に応じた進行役を配置することが望ましい。

一般的に、中立公正に議論を進行するために地域外から来た第三者が務めるのが望ましいとされるが、地域に特化した話を進めることを重視するなら、地域内で暮らす人が務めることも可能である（むろん中立公正な立場を意識することが必要である)。

【議論のとりまとめ】

いくつかのグループに分かれて議論を行った場合には、それぞれに集約された内容を統合する作業が必要である。グループごとに異なるテーマで議論を進めていたとしても、相互の接点を認識し、地域全体としての将来像を共有するためである。本来なら、議論の最中に定期的に他のグループと議論の内容を共有することが望ましい。しかし、限られた時間で難しい場合は、終了後に各グループの議論を整理して総括する。

【情報の提供】

議論の目的は、いうまでもなく、参加者らに地域の将来の姿とその実現のための方法を考え、そのための意見を聞かせてもらうことである。しかし、時には参加者から「この町の△△の現状はどうなっているのか」「□□のための取り組みには、どのような例があるのか」といった質問が寄せられることもある。また、地域社会のあり方全体について、多分野にまたがって議論を展開するという形式をとるため、一人一人の参加者にとっては、時には、あまりくわしくない分野について議論することになる。

このような問題点を補うために、運営側はその日の議論のテーマに応じた資料を事前に用意しておくことが望ましい。あるいは、議論の参加メンバーのなかにその分野についてくわしい人がいるならば、「情報提供者」としての役割を担ってもらうことが望ましい。

【論理的な整理と定量的な裏づけ】

議論を重ねてつくりあげた地域社会のビジョンやロードマップが、課題ごとに矛盾のない形で実現可能であることが、ある程度の根拠をもって示されていなければならない。また、持続可能な社会の条件として環境への配慮が求められる以上、そこに対する数量的根拠や科学的な検証が必要となる。

この作業を担うには、温室効果ガス排出量やエネルギー需給バランスの算出、社会経済モデルの運用が可能な専門家の協力が必要である。そして、議論のなかで出てくるキーワードなどを的確に把握・整理して、参加者それぞれが漠然と思い描いているイメージを論理的に整理し、軽量化する作業が求められる。地域の人材で対応することが難しければ、外部の研究者やコンサルタントの協力が必要となろう。

【事前資料や議事録の作成】

毎回の議論では、当日の進行や前回のまとめなどを用意しておくことが望ましい。また先述のような情報提供をしたり、定量的な裏づけについて報告したりする際にも、口頭やスライドでの説明だけではなく、随時見返せるような印刷物を配付した方がよい。

議事録を作成する際には、一つのグループにつき一人ずつ書記をつけることが望ましい。人数の関係で難しい場合には、グループ数と同じ台数のボイスレコーダーを用意しておく。

【事務連絡】

日程調整や会場確保、情報伝達などは、地味な役割のように見えるだろう。しかし実際には、議論の場以外でもこまめに参加者と連絡を取り合う必要があり、負担の大きい役割である。運営メンバーのなかでも最も地元で顔の広い人が適任であり、参加者らと肩書きを気にせずに「○○さん」と呼び合えるような関係を持っている人が理想である。もし、地元の行政が主体的にかかわっているのであれば、地域の人たちと密にかかわっている職員がこの役割にふさわしい。

【アウトプットの作成】

議論は回を重ねるごとに、より具体的で、より中身の濃いものになっていくであろう。しかし、それと引き替えに、その場にいない人や、特にその地域で暮らしている一般の人びとにとっては、難しくて理解しにくいものになってしまう可能性が高い。また、議論の結果として描かれるであろう地域の姿を実現するためには、人びとの価値観まで含めた社会のあり方そのものを変えていくことが必要である、という大前提を理解してもらえなければ、いくら論理的な裏づけがなされていたとしても、荒唐無稽なフィクションにしか見えないだろう。

つくりあげたシナリオの中身を、なるべく理解しやすいような、または人びとの感覚に訴え、そして共感してもらえるような形にまとめあげることが重要である。

【取り組みを伝え広める】

もちろん事務作業としての広報活動も重要であるが、運営スタッフや参加メンバーで、地域の内外にネットワークを持つ人物がいれば、自分が「持続可能な社会の実現シナリオづくり」に関与しているということを伝え広めてくれることを期待したい。

また、自分たちの取り組みが外部からも注目されているという雰囲気づくりが、参加者らにとって非常に大きなモチベーションになる。

議論のためのメンバー選び

メンバーの選定にあたって重視する点は「地域を拠点に、各分野で活躍するキーパーソンを集めること」である。実際の地域を対象に、これからの社会のあり方を考えるという目標を達成するためには、地元に関する深い知見を持っている人の意見が不可欠である。

ただし、外部から見た客観的な視点も重要であることから、地域外からの参加者も何人か招くことが望ましい。

【さまざまな分野に携わる人を集めること】

地域社会の将来のあり方そのものを考える、という漠然ながらも大きな目標を掲げている以上、家庭での暮らしから職場での働き方、食料の生産から毎日の食生活まで、私たちの日々の生活にかかわるさまざまな物ごとが、大なり小なり変化していくことが予想される。したがって、運営サイドが声をかけられる範囲で可能な限り多分野のメンバーで構成することが望ましい。

【その道の専門家ではなくマルチタレントを集めること】

社会の将来のあり方そのものを全体として考え直すためには、テーマごとに論点を絞って議論を深めていくのではなく、テーマ間の接点を意識しながら、地域全体を俯瞰して物ごとを考えるというスタンスが必要である。その意味でも、一つの分野に長い間かかわってきた専門家よりも、さまざまな分野にかかわって活動してきた人の方がふさわしいだろう。

東近江市では二〇〇九年度から持続可能な社会のシナリオづくりに取り組んできたが、それより前に「東近江市環境基本計画」が策定されていた。このなかで、環境基本計画を作成した後の具体的な取り組みの方向性や実施状況のチェックなどを行う場として、市民や事業者と行政が対等の立場で協議する「ひがしおうみ環境円卓会議（仮称）」を設置すると明記されていた。東近江市では、この環境基本計画策定後の市の動きと、持続可能な地域社会のシナリオづくりをテーマとする琵琶湖環境科学研究センターを中心とした研究グループの動きがうまく合致したため、市行政が窓口となって取り組みをスタートさせることができた。

ひがしおうみ環境円卓会議のメンバー構成にあたっては、市内外で活躍するキーパーソンを中心に表２‐２‐１のような二六人の協力を得ることとした。

会議の名称に「環境」が入っているが、メンバーの選定にあたっては環境関連の人材に限らず、福祉や教育、産業、地域振興やまちづくりなど、広い分野から候補を挙げた。そして、各自の専門を中心としながらも社会のあり方について幅広く考えられる人材であることを選考基準とした。分野ごとのメンバーの構成は、大まかに「環境活動系」七人、「農林業系」五人、「まちづくり活動系」八人、「教育系」三人、「地域福祉系」二人、「地域経済系」一人である。また、一市六町が合併してできた自治体であるという経緯をふまえ、地域バランスも考慮した。さらに市外から、議論の経過を俯瞰的に判断できる人材も招いている。

表 2-2-1　ひがしおうみ環境円卓会議のメンバー

No.	所属・役職	No.	所属・役職
1	福祉系 NPO 法人理事長	14	地元まちづくり協議会事務局長
2	県研究機関代表	15	地元建機会社取締役
3	地元まちづくり協議会幹部	16	環境教育系 NPO 法人
4	地元森林組合職員	17	県環境教育機関事務局
5	農林系 NPO 法人理事	18	環境系 NPO 法人代表
6	地元金融機関職員	19	市民活動 NPO コーディネーター
7	地元農業生産組合	20	地元醸造会社代表取締役社長
8	太陽光発電普及団体会長	21	地元オートバイショップ店主
9	木質バイオマス普及推進団体会長	22	地元まちづくり協議会運営委員
10	農村活性化協議団体代表	23	福祉系 NPO 法人理事長
11	地元農業生産法人専務取締役	24	地元まちづくり協議会運営委員長
12	福祉系 NPO 法人代表	25	元地元女性会代表
13	電子機器製造会社代表取締役	26	地域木材利用促進団体事務局長

注）順不同。役職は当時のもの。

第3章　持続可能な地域の将来社会像

1　ビジョンづくりの基本的な考え方

持続可能な地域の将来社会像、すなわちビジョンを考える上で、運営サイドや参加者らは、

・現状にとらわれすぎることで思考停止しないように、自由に夢を語る
・地域社会のなかでは、多様な物ごとが関係し合っていることを意識する
・すべての参加者が、すべてのテーマの議論に等しく参加する

ことを念頭におく必要がある

議論の進め方の基本は、将来の地域社会に対する希望を自由に述べてもらいながら、各自の意見を参加者ら自身で整理してもらうことの繰り返しである。

話し合うべきテーマが多岐にわたること、人数によっては全員で一つの場で議論することが難しいことなどから、開催日ごとにテーマを決めて議論すること、いくつかのグループに分かれて議論することも必要になる。そのようなときには、折を見てテーマごと、グループごとの議論の内容を確認・共有し合うプロセスを設けること

が必要である。それぞれの参加者には、特定の分野だけでなく、すべてのテーマの議論にまんべんなく加わってもらうことが重要である。これは、テーマ間やグループ間で内容に齟齬や矛盾が生じないようにするためにも必要なプロセスである。

そして、将来の地域社会のイメージがおぼろげに見えてきた段階で、運営スタッフは論理的な整理と定量的な裏づけや、アウトプットの作成作業に着手する。その結果を随時、参加者に提示して確認を得て、精査や見直しを繰り返すことによってビジョンを完成させる。

ひがしおうみ環境円卓会議では、前半には付箋紙と模造紙を用いたブレインストーミング形式で議論を進め、中盤には論理的な整理と定量的な裏づけを、後半にはアウトプットとして「二〇三〇年東近江市の将来像」という文書を作成することでビジョンを完成させた（表2-3-1）。

写真 2-3-1　東近江市の風景（東近江市提供）

このようにして作成した「二〇三〇年東近江市の将来像」は、地域社会の多様な側面に応じて、コミュニティ、医療・福祉、教育・子ども、雇用・就業と産業、食・消費・ごみ、自然とのかかわり、交通、エネルギーの八章からなる文書である。この文書作成作業は、事務局が一手に担当するのではなく、参加者らにも執筆に参加してもらうことが重要となる。これは、文書のなかに参加者らの思いを直接的に反映させ、このビジョンは自分たちのものであるという当事者意識を持ってもらうために、大事な過程である。

以下に、将来像に関する文章の冒頭部分を引用する。[*1]

表 2-3-1　ひがしおうみ環境円卓会議でのビジョン作成の流れ

		開催日時・会場・内容
第 1 回		平成 22 年 2 月 8 日　会場：東近江市役所 円卓会議の説明（会議の位置づけなど） 2030 年の東近江市に望むこと（参加者の意見を項目出し）
	（運営スタッフの作業）	参加者の意見を「地元で生きる」「自然と生きる」「つながって生きる」の 3 つに分類
第 2 回		平成 22 年 2 月 20 日　会場：湖東信用金庫 上記の 3 グループに分かれ、ローテーションで全員がすべてのテーマについて議論 ローテーションの合間に、各グループ間で意見交換・共有
	（運営スタッフの作業）	第 2 回までの意見をもとに将来像を定量推計 参加者の意見を「エネルギー」「生き方･コミュニティ」「移動･物流」など 9 つに分類
第 3 回		平成 22 年 3 月 8 日　会場：愛郷の森 旧「森のレストラン」 将来像の定量推計について結果を説明した後、上記の 9 グループに分かれて議論
	（運営スタッフの作業）	第 3 回までの意見をもとに将来像を定量推計 将来像を記述したアウトプットとして「2030 年東近江市の将来像」の作成に着手
第 4 回		平成 22 年 3 月 19 日　会場：東近江市役所 将来像の定量推計について結果を説明 参加者による「2030 年東近江市の将来像」の内容確認ならびに加筆修正
	（運営スタッフの作業）	中間成果のとりまとめおよび意見の募集
第 5 回		平成 22 年 10 月 17 日　会場：八日市商工会議所 中間成果に対して寄せられた意見をもとに、将来像の詳細について再検討
	（運営スタッフの作業）	第 5 回までの意見をもとに将来像を定量推計 将来像を「コミュニティ」「医療・福祉」「教育・子ども」など 8 分野に再編
第 6 回		平成 22 年 12 月 11 日 会場：東近江市役所 「2030 年 東近江市の将来像」の内容確認ならびに加筆修正
	（運営スタッフの作業）	「2030 年 東近江市の将来像」のパンフレット発行 市政広報番組のなかで、社会像についてアニメーションで紹介

【私たちの考える二〇三〇年の東近江市】

東近江市は、昔と比べてさまざまなところで変化がありました。といっても、世のなかの流れで変わっていったのではなく、人々が思う「東近江市がこうなったらいいな」という夢を実現するため、自分たちの力で変えていったのです。

変わり始めたのはおよそ二〇年前の二〇一〇年頃。その頃の暮らしは、すでに十分豊かなものでした。世の中には便利なものがたくさんあふれています。それさえ手に入れれば、決して都会とはいえない東近江市でも、不自由のない生活を送ることができました。毎日の暮らしで必要なものは、たいていどこかで手に入れることができます。

しかし、それでも当時の人々は、これからの東近江市を変えていかなければ、と思いました。確かにその頃の暮らしは、昔に比べれば豊かになりました。しかしこれからも、楽しく過ごしていくためには、そしてこれからも東近江市を大好きでいつづけるためには、自分たちで東近江市を変えていかなければ、

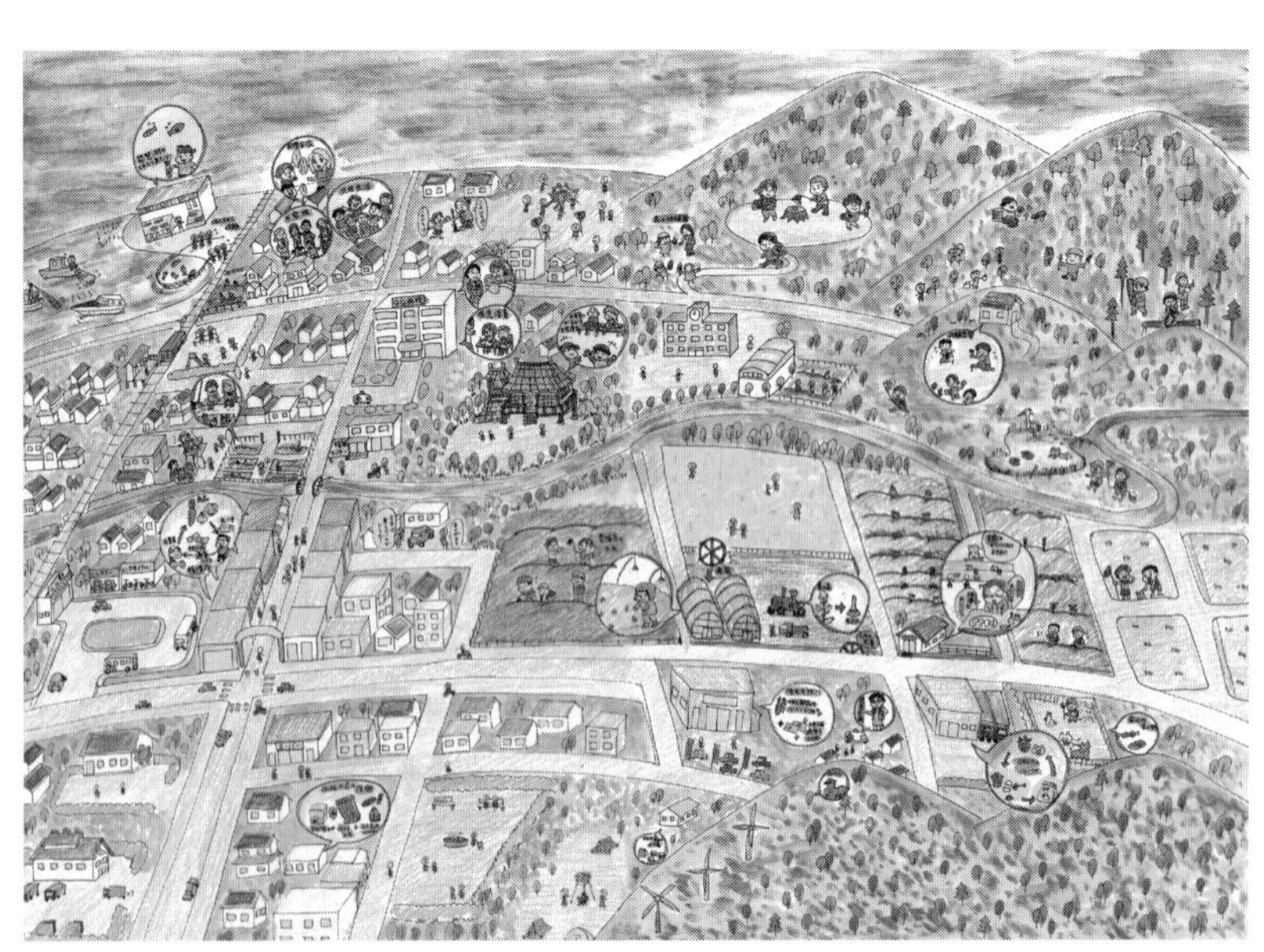

図 2-3-1　ひがしおうみ環境円卓会議で完成したビジョンのイメージ図（中村友子氏提供）

と思ったのです。

自分たちの暮らしに必要なことは、できれば自分たちでなんとかする。そのときには、できる限りまわりのみんなで助け合う。そして毎日生活する中で必要なものは、可能な限り地元の自然の恵みを活用する。そうやって東近江市のどこかで、誰かが活躍できるような場所ができれば、それが仕事につながり、人々のつながりや自然も守られる。そのような「人々が活躍する姿」、「美しい自然」に惹かれ、市外からも人が集まってくる。人々が考える「こうなったらいいな」を集めたら、今までとは違った形で豊かに生きている人々の姿が見えてきました。こんな「豊かさ」を目指すのもいいな、と感じた人たちが、自分たちの手で東近江市を変え始めたのです。

変化の理由は他にもあります。たとえば、二〇年前までは何をするにも当たり前のように使ってきた、石油やガスなどのエネルギー。それが昔のように大量に生産・使用しづらくなったのです。合わせて、二酸化炭素を始めとする「温室効果ガス」を半分に減らすという削減目標が国際的に設定されました。このようなこともあり、エネルギー、特に石油やガスといった化石エネルギーを大量に使うことができなくなりました。

しかし、それは決して暗いニュースではありませんでした。確かに石油やガスを使わず多様なエネルギー源を活用できるようにするには、社会の仕組み、毎日の暮らしを変えていかなければならず、最初は不便に思ったりもしました。自分たちの生活をあまり変えずに「先端技術」に頼ることだけで温室効果ガスを減らすというわけにはいきませんでした。しかし、「これも新しい東近江市に変えていくための良いきっかけ」と考えることにしました。人々が考える「東近江市がこうなったらいいな」を実現することは、これまで当然と考えてきた社会の仕組みや、自分たちの生活を変えることにもつながり、結果として温室効果ガスを減らすことにもつながると思ったからです。この将来像に書かれているのは、そんな二〇三〇年の東近江市での、ごくありふれた日常の風景です。

2　地域社会像の定量的な描写

社会像を定量的にとらえるために

ビジョンづくりのなかでも、参加者らの議論を論理的に整理し、それを定量的に裏づけするという作業は、特に専門性の高いものである。

そもそも、地域社会の姿を定量的にとらえるとは、どういうことか。

要約すれば、私たちの日常生活は家庭で寝食したり遊びに出かけたりする「暮らす」ことと、日々の糧を得るために「働く」こと、という二つのシーンに分けることができる。そして私たちの日常生活は、食料や水といったモノ、あるいは商店やレストランといったサービスを「働く」ことによって「生産」し、それを自分自身でも、また相互に交換して「消費」することによって成り立っている。

「働く」ことが「生産」であり、「暮らす」ことが「消費」である、と考えがちだが、実際には家具をつくるため木材を購入したり、野菜をつくるため農機を購入したり、あるいは会社を営むためにオフィスを借りたり電気やガスを使ったりしている。「働く」ためにも「消費」が不可欠であり、純粋に生産だけを行っているわけではない。そして私たちは、職場まで通勤したり、買い物に出かけたり、商品を取引先に届けたり、人や物を「移動」させたりする。つまり、生産と消費の複雑な連鎖で、社会は成り立っている。

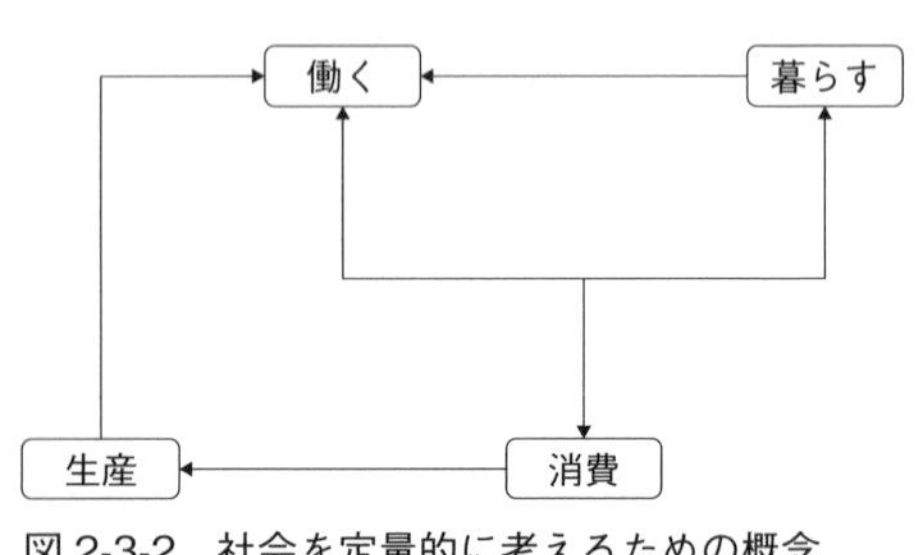

図 2-3-2　社会を定量的に考えるための概念

注）矢印の中で人や物が移動し、エネルギーが消費されている。

以上を模式図にすると図2‐3‐2の通りになる。これを基本として、何人の人が暮らし、何をどれだけ消費しているか、何人の人がどのような仕事をして、どのような製品やサービスが、どれだけ生産・消費されているかなどを調べれば、社会の基本的な構造を、定量的なデータによって把握することが可能になる。さらに、消費されたもののなかでも、電気やガス、あるいは灯油やガソリンや軽油や重油など「エネルギー」として消費されたものを抽出することで、社会活動によってどれだけ化石由来の温室効果ガスを排出したのかを明らかにすることが可能になる。

以上が社会の姿を定量的にとらえる際の基本的な考え方であるが、「地域社会」について考える場合、さらに地域の内部と外部のやりとりを考える必要がある。今日では社会の活動は地域の内部で完結するものではない。実際には、遠方へ通勤する人がいたり、逆に通勤してくる人がいたり、地域の外から、時には海外から、商品を買ったり、逆に売ったりする。よって図2－3－2における「暮らす」「働く」「生産」「消費」は、それぞれ地域内でのやりとりと、地域外とのやりとりに分けて考えることが必要になる。地域外とのやりとりには「移動」を伴うので、当然エネルギーを消費することになる。

地域外とのやりとりを含めた、地域社会の姿を定量的にとらえるための構造は図2－3－3（産業連関図と呼ばれる）の通りである。地域社会では基本的に、このように内部、および内外を含めた人や物・サービスの流れが一定の収支を保っており、それに伴って最終的にエネルギーを消費することで成り立っている。

以上が、地域社会の姿を「人、モノ、エネルギー」の側面に関して定量的にとらえるための基本的な考え方であるが、実際にデータを収集

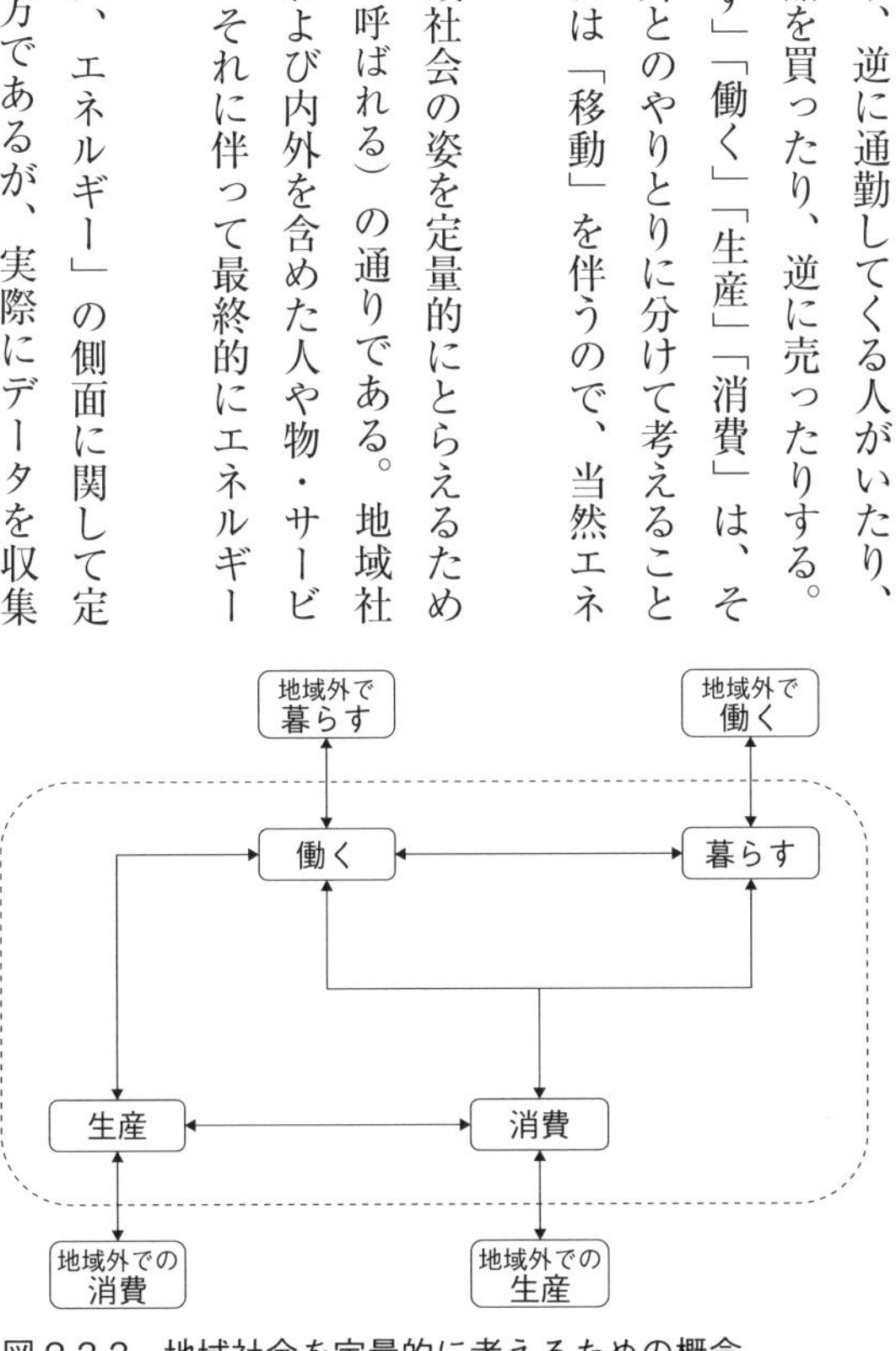

図 2-3-3　地域社会を定量的に考えるための概念

し、当てはめる作業は複雑である。

たとえば「移動」について、エネルギー消費と結びつけて考えるには、その手段（徒歩・自転車・乗用車・トラック・鉄道など）ごとに人数や輸送量を把握することが必要になる。また、将来の変化まで視野に入れて考えるのであれば、まず現在暮らしている人がどのような目的で、どれだけの距離を移動しているのかを把握し、次にそれが将来どのように変わるのかを具体的に推計することが必要になる。

「働く」ことに関していえば、職種によって生産・消費の構造は大きく異なるため、大きくは第一次、第二次、第三次産業といった三つ程度の区分から、場合によってはそれぞれの区分をさらに数十種類にまで細分化して考えることが必要になる。

定量化のための一連の作業は、客観的・専門的な作業であるから、参加者全員というよりも、運営サイドが一手に引き受けて行うことが現実的である。しかし、以上のような、地域社会を定量的にとらえる上での基本的な考え方は、参加者にも知っておいてもらう方がよいであろう。

現在の社会像を定量的に把握する

将来の社会像を定量的に描き出すための第一段階として、まず現在の姿を定量的に把握することが必要である。現状の把握は、将来推計のためのスタートラインとしても、参加者らが地域の姿を再認識するための材料としても重要である。地元で長年暮らしている人でも、自分たちが暮らす地域のことを、資料を探して調べていたり、数値的な感覚を持っていたりするとは限らない。将来のことを考えるにあたってまず現状はどうかという疑問が必ず出される。そういった疑問に答えるためにも、議論に先立ち、現在の地域社会の姿をしっかりと調査・把握しておくことが必要である。

現状の社会データとして、以下のような統計資料が有用である。ただし、統計資料により得られる数値は基本的に市区町村の単位、場合によっては都道府県単位でしか存在しないことがほとんどである。そこで、今回のようなより小さな範囲の地域データが必要な場合は、まず地元の役場に問い合わせてみることが必要で、それがない場合には、既存データを工夫して地域に相当する分を按分するのが次善の方法である。地方自治体の場合、統計データを一つにまとめた「統計書」を刊行している場合が多いので、まずはそれを参照するのもよい。

また、以下に紹介するような統計は、それぞれが異なる時期に、異なる調査方法をもって実施されているものである。したがって、たとえば地域内の就業者をとってみても、国勢調査から求めた人数と工業統計や商業統計などから求めた人数の合計は一致しないことに留意した上で、適宜補正する作業も必要である。

【「暮らす」に関するデータ】

主な資料は、国勢調査や住民基本台帳に基づく人口及び世帯数、社会生活基本調査などである。

総務省が実施する国勢調査では五年に一度の、住民基本台帳では毎年の、人口・世帯数を町字単位で把握することが可能である。国勢調査では、就業者の常住地（住んでいるところ）と従業地（職場があるところ）の関係についても把握することが可能で、地域で暮らす人びとがどれだけ域内で働いているか、あるいは域外に働きに出ているかを知ることができる。

社会生活基本調査は五年に一度実施される、一日の生活時間の配分と主な活動状況などを調査したものである。年代や性別、あるいは地域や就業状態ごとのライフスタイルの違いを、行動別の生活時間から知ることができる。

【「働く」と「生産」に関するデータ】

主な資料は、産業連関基本取引表、経済センサス、農林業センサスなどである。

産業連関基本取引表（ＩＯ表とも呼ばれる）とは、地域内の産業を十数種から数百種ごとに分け、それぞれの業種の総生産額やＧＤＰ、業種間でのやりとり、域内で消費された量や地域外とのやりとりを、金額単位の一覧表で示したものである（くわしい見方については専門書などを参照）。産業連関基本取引表は制作作業にきわめて手間がかかることから、一般的には全国単位ならびに都道府県、あるいは政令指定都市レベルでしか入手することができない。そこで実際には都道府県産業連関表の値などを基本として、対象地域の経済構造を独自に推計することになる。

地域内で生産されたものが地域内で消費されたか、それとも地域外で消費されたかを判断するには、産業連関表による生産額のうち地域内の需要に充てられた金額と、「移輸出（地域外や国外に向けて販売されたもの）」の額を比較することで、おおむね把握できる。ただし先述の通り、産業連関表はせいぜい都道府県か大都市の単位でしか作成されていないため、たとえば同一県内での他市町村に向けて移出された額までを把握することはできない。他のデータ等に基づいた何らかの追加推計作業が必要になる。

経済センサスでは、市町村ごとの製造業や卸売・小売業、サービス業などの事業所数や従業者数、製品出荷額や販売額などを把握することが可能である。

農林業センサスでは、都道府県や市町村ごとに、地域の農家数や形式簿などを把握することが可能である。農林水産業に関する統計としては、農林水産省がウェブ上で公開している「わがマチ・わがムラ——市町村の姿」（http://www.machimura.maff.go.jp/machi/）にて、市町村ごとに詳細なデータがまとめられ、ダウンロードが可能となっている。ただし市町村単位のデータの場合、事業所数が少ない業種や、農家数が少ない作物などについてはデータが秘匿扱いになっていることも多いので、都道府県単位の結果などを組み合わせて適宜データを補う作業が必要になる。

また、「暮らす」の項でも紹介した国勢調査の常住地と従業地に関するデータからは、地域内の産業を支える就業者のうち、地域内に住んでいる人と地域外から通勤している人とのバランスを知ることができる。

【「消費」に関するデータ】

主な資料は、家計調査、消費実態調査、産業連関表などである。

家計調査は毎月、消費実態調査は五年に一回、実施される調査である。両者は対象となる調査項目や調査時期などが異なるが、基本的に家庭の「暮らし」を支える消費構造を支出単位で明らかにすることができる。

一方で「仕事」を支える消費、たとえば製造業の原料調達などで発生する消費（中間投入とも呼ばれる）については、都道府県レベルの産業連関表のデータを採用し、業種ごとの事業所数や就業者数などから推計するのが適当であろう。また、産業連関表でも「家計消費支出」を把握することは可能であるが、家計調査や消費実態調査での支出は消費者が支払った「品目ごと」にまとめられたものであり、産業連関表の支出は商店が利益として受け取るマージンや、商品を運ぶ過程でかかった運賃なども含めて、最終的に支払額を受け取った「業種ごと」にまとめられたものである。

地域内で消費されたものが地域内で生産されたものか、あるいは地域外で生産されたものかの判断は、産業連関表による需要額のうち「移輸入（地域外や国外から購入されたもの）」の額を比較することで、おおむね可能である。ただし先述の通り、産業連関表はせいぜい都道府県か大都市の単位でしか作成されていないため、たとえば同一県内での他市町村から移入された額までを把握することはできず、他のデータ等に基づいた何らかの追加作業が必要になる。

【人やモノの「移動」に関するデータ】

主な資料は、パーソントリップ調査（PT調査）、全国道路・街路交通情勢調査（道路交通センサス）OD調査、全国貨物純流動調査（物流センサス）などである。

パーソントリップ調査（PT調査）とは、国内各地の都市圏を中心に実施されている「人の動き」に関する調査であり、移動時の出発地、目的地、移動の目的、交通手段などの視点から分析したものである。出発地と目的地については、基本的に市町村単位、あるいは市町村をいくつかに分割したゾーン単位で把握することが可能であるが、これはそもそも都市圏での人の移動に特化した調査であり、地方都市や中山間地域などの場合、調査対象区域に含まれていないことが多い。また、調査は一〇年に一度の間隔で実施されるため、時期によっては現状に即したデータが得られない可能性もある。

全国道路・街路交通情勢調査（道路交通センサス）は五年に一度、国内全域を対象として実施されており、OD調査（自動車起終点調査）はパーソントリップ調査と共通する調査項目も多いため、パーソントリップ調査の代替データとしても有効である。しかし、調査対象が自動車に限定されていること、人の移動に限らずトラックによる貨物輸送も調査対象に含まれていることなどに留意が必要である。

物資の輸送に関する調査データとしては全国貨物純流動調査（物流センサス）が代表的であり、物資の種類・輸送手段・発着の場所などから総輸送量を把握することが可能である。ただし、一般に公開されている結果表では、輸送の発着点は都道府県単位でしか集計されていないため、産業連関表の例と同様に都道府県内での輸送状況については別途の分析が必要である。

【地域のエネルギー消費に関するデータ】

主な資料は、総合エネルギー統計エネルギー需給実績、エネルギー・経済統計要覧などである。

一般的に、市町村以下の範囲でエネルギー消費の実績データを得ることは難しく、都道府県単位でのエネルギー消費に関するデータと、先に示した地域内の人口・世帯数や事業所数などを組み合わせて推計する方法が一般的である。

まずエネルギー消費に関する需給動向として、資源エネルギー庁は毎年、総合エネルギー統計エネルギー需給実績のなかで「エネルギーバランス表」を公表しており、そのなかの「最終エネルギー消費」という項目にて、産業（業種ごと）、民生（家庭・業務、業務は業種ごと）、運輸（旅客・貨物ともに手段ごと）の部門ごとに、燃料の種類別の消費量が把握できる。これをもとに都道府県別のエネルギーバランス表も作成、公表されている（http://www.enecho.meti.go.jp/statistics/energy_consumption/ec002/）。

また、家庭や事業所で消費されている電力やガスなどのエネルギーがどのような用途で消費されているかについては、日本エネルギー経済研究所が毎年刊行している「エネルギー・経済統計要覧」にて、家庭一世帯あたり、あるいは事業所の床面積一平米あたりの「冷房用」「暖房用」「給湯用」「厨房用」「動力他」ごとのエネルギー消費量が公開されている。

【自然エネルギーに関するデータ】

主な資料は、各自治体の新エネルギービジョン、NEDOデータベースなどである。

自然エネルギー普及の過渡期である現在では、その利用可能量に関してもデータが不十分なのが現状である。

NEDO（国立研究開発法人新エネルギー・産業技術総合開発機構）が全国各地の自治体に対して補助事業として

実施している「新エネルギービジョン」では、都道府県や市町村を対象として、地域内でのエネルギー消費量ならびに地域内に存在する新エネルギーの利用可能量などについての調査が行われている。もし対象とする地域内ですでに新エネルギービジョンが策定されている場合には、それを参照するとよいであろう。またＮＥＤＯはウェブサイトで、全国各地域の太陽光エネルギーや風力発電、バイオマスの賦存量と利用可能量に関するデータベースを公開している（http://www.nedo.go.jp/library/shiryou_database.html）。これらのデータを活用することによっても地域の自然エネルギーの現況を把握することができる。

将来の社会像を定量的に推計する

地域の将来像を定量的に推計することは、図２‐３‐３に示した地域社会の人やモノ、サービスの流れが将来どのように変化するか、それに伴いエネルギー消費がどれだけ変化するかを推計することに等しい。

たとえば「農産物の地産地消の輪を広げたい」という意見がある場合、地域内での農作物の「消費」量としては、「地域外での生産」によるものが減少し、その分「地域内での生産」でまかなう分が増加することになる。そして仮に、「地域外での消費」のための生産は減らさないとしたら、これまで地域外に頼っていた分だけの「生産」を地域内で増やさねばならない。そのためには、地域内で農作業をして「働く」人を増やさなければならないし、それには地域内で「暮らす」人の一部が農業を始めるか、あるいは「地域外で暮らす」人を労働者として呼んでこなければならない。

このようにして、地産地消を取り入れた新たなバランスが形成されることになり、それに応じて人やモノの移動量、あるいはエネルギーの消費量が変化することになる。さらに数十年後であれば、農作業の生産効率が現在よりも改善していたり、作物を輸送する車の燃費が改善していたりすることも考えられるので、これらも考慮して最終的な社会全体の人、モノ、エネルギーのバランスを新たに設定することになる。

地域の将来社会に関する議論においては、どれだけ適切に事象を把握して条件を設定できるかが重要となる。推計者は常に議論の場に加わり、参加者らの議論を聞きながらそれを推計にどう反映させるかを注意して把握することが大事である。

可能なら、将来の地域のイメージがおぼろげに見えてきた段階で推計を行い、その結果報告をふまえて次回の議論をすることが望ましい。

東近江市の将来社会像の定量推計

ひがしおうみ環境円卓会議のなかでは、地域の将来社会のすがたを定量的に描くためのツールとして、ＥｘＳＳ（Extended SnapShot Tool）を活用した。

ＥｘＳＳはもともと、滋賀県全域を対象とした低炭素社会の実現をテーマとする研究のなかで、京都大学大学院工学研究科の都市環境工学専攻の大気・熱環境工学分野によって開発されたものである。*2 ＥｘＳＳでは、対象とする地域における社会経済の動向とその下での民生・産業・運輸部門の諸活動、そしてそれらの活動に伴うエネルギー消費や温室効果ガスの排出に至るまでの関係を一つの数理モデルにより表現することで、社会システムのあり方から環境負荷発生量までを一括して推計することが可能となる。図２‐３‐４にＥｘＳＳの基本的な構造概念を示す。表２‐３‐２に、ＥｘＳＳにおいて設定条件として入力されるパラメータと、それらに基づいて算出される内生変数の関係を示す。

表２‐３‐３と表２‐３‐４に、ひがしおうみ環境円卓会議の事例で設定したパラメータならびにその結果の概要、そしてその根拠となった社会像の記述の該当部分を記す。

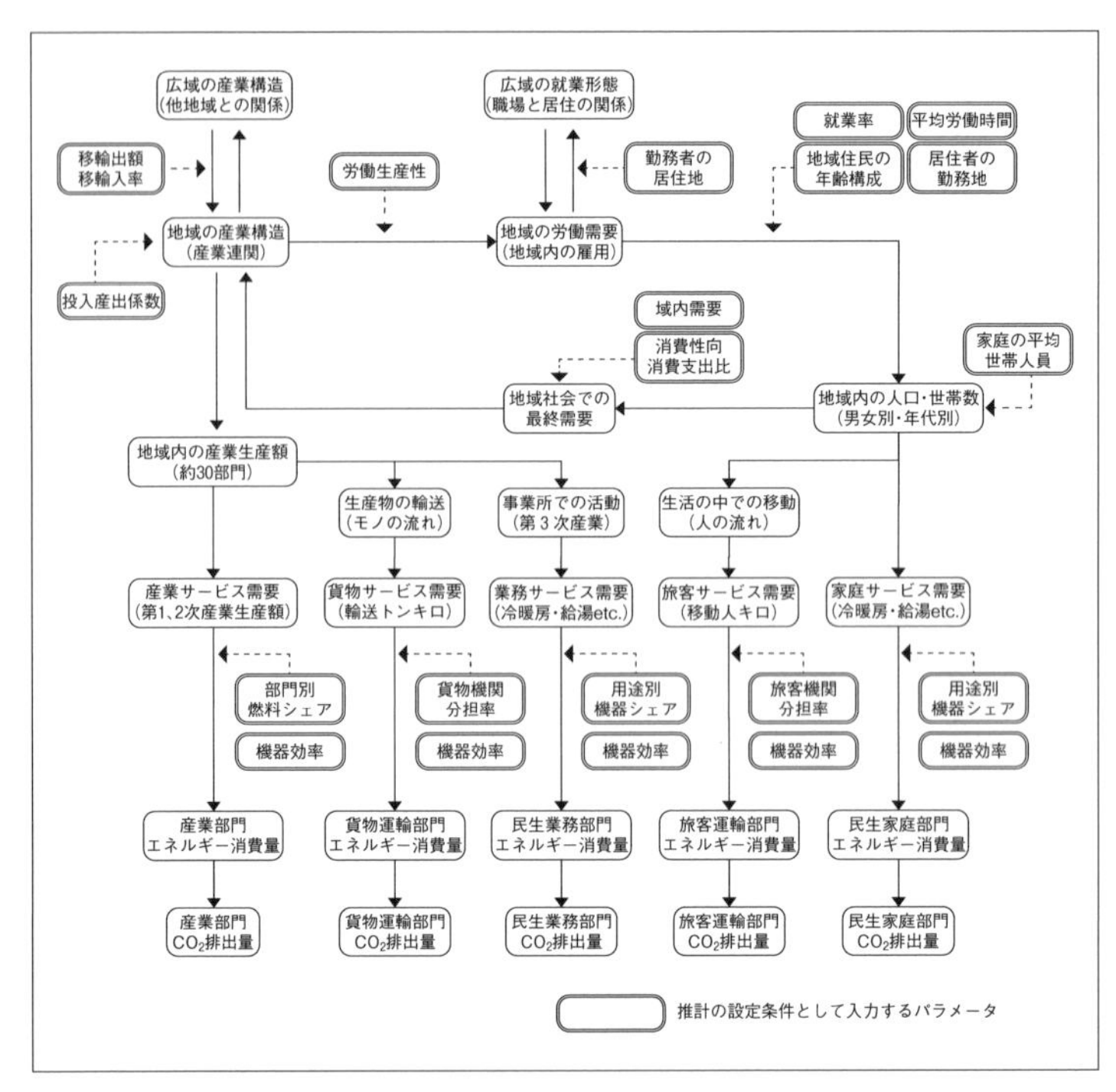

図 2-3-4　ExSS の構造概念図

表 2-3-2　ExSS の主な入出力項目

		設定条件として入力するパラメータ	結果として算出される内生変数
民生部門	家庭	年齢構成・平均世帯員数・就業率 家庭用機器の効率改善状況 家計消費支出　など	人口・世帯数 用途別・種類別エネルギー消費量 温室効果ガス排出量　など
	業務	労働生産性 業務用機器の効率改善状況　など	業務床面積 用途別・種類別エネルギー消費量 温室効果ガス排出量　など
産業部門		労働生産性・移輸入率・移輸出額 業種別の機器効率改善状況　など	業種別生産額・労働時間 業種別・種類別エネルギー消費量 温室効果ガス排出量　など
運輸部門	旅客	人口あたり移動区分別旅客機会 旅客移動機関分担率・機関別効率改善状況　など	旅客移動人キロ 移動手段別・燃料別エネルギー消費量 温室効果ガス排出量　など
	貨物	生産額あたり部門別・行先別輸送トンキロ 貨物輸送機関分担率・機関別効率改善状況　など	貨物輸送トンキロ 輸送手段別・燃料別エネルギー消費量 温室効果ガス排出量　など
その他		温室効果ガス排出原単位 再生可能エネルギー使用量　など	

以下に、ＥｘＳＳにより算出され、ひがしおうみ環境円卓会議で作成されたビジョンの裏づけとなった推計結果の一部を紹介する。

【人口と世帯数】

自然豊かな東近江にあこがれて移住する人が増え、人口は若干増加。一方で多世代同居や共住などの形で暮らす家が増えるため、世帯数は一割以上減少している（表２‐３‐３参照）。

【産業】

表２‐３‐５は二〇〇〇年と二〇三〇年の第一次〜三次産業別に、東近江市が「市外から移入（輸入）した」「市内で生産・消費した」「市外に移出（輸出）した」生産物を、二〇〇〇年基準の金額ベースで比較したものである。生活のゆとりを望む人が増えることから全体として産業生産は若干縮小する。しかしそのなかで、農林水産業では生産自体が大きく伸びるのに加え、自給自足の生活や、ライフスタイルの改善としての家庭料理の見直し、地産地消システムの確立、休耕田の有効活用などによって、地域内で生産・消費される生産物が大幅に増加する。また、「半農半Ｘ」などの暮らしが増加するなど多様な働き方が普及する。

節約志向の高まりなどから製造業は縮小しているが、地域内の自立型中小企業の活躍により、地域内での自給額はほぼ横ばいを維持し、地域のための産業に転換している。

サービス業では、子育てや福祉などの場で地域住民が活躍することで、地域外への依存度（移輸入）が大きく減少している。また、豊かな自然を活かした暮らし体験や体験型農業、エコツーリズムなどがさかんになることで、東近江を訪れる人向けのサービスの提供（移輸出）がさかんになる。

表2-3-3　社会経済に関する2030年の想定と、そのもととなった意見

	現在（2000年）		将来（2030年）の想定と、そのもととなった社会像の記述
人口・世帯数	約11万4000人 3万5000世帯 世帯あたり3.3人	⇒	約12万2000人 3万400世帯 世帯あたり4.0人 【コミュニティ】核家族時代と違って、大家族で暮らしたり、共同生活をしたりする人が出てきました／地縁や血縁によるつながりだけではなく価値観や目的を同じくする仲間が、共に暮らした方がより助け合える関係になるという考えが広がったからです
年齢構成（カッコは全国平均）	15歳未満：16.8%（14.6%） 15～64歳：65.4%（67.9%） 65歳以上：17.8%（17.3%）	⇒	15歳未満：13.0%（9.7%） 15～64歳：60.3%（58.5%） 65歳以上：26.7%（31.8%） 【教育・子ども】子育てする人や子どもが身近に増えたことで、若い人たちも、結婚、出産、育児の喜びや幸せを身近に感じられるようになり、少子化にも歯止めをかけることができました 【雇用・就業と産業】子育て家庭や母子・父子家庭、共働き家庭に対する支援や環境が充実しているため安心して子育てができ、このことが地域の活力につながっています
市内での働き方	第一次産業：6.1% 第二次産業：51.6% 第三次産業：42.3%	⇒	第一次産業：3.6% 第二次産業：41.3% 第三次産業：42.9% 自給のための農作業：2.8% 第六次産業：6.9% コミュニティのための仕事：2.5% （バスの運行、子育て、教育、介護福祉など） 【コミュニティ】防災、防犯に始まり、必要なものを分かち合い、つながりのなかで助け合って暮らしています 【教育・子ども】子どもたちは、家族や親せきはもちろんのこと、地域のおじいさんやおばあさん、家族のかかわるグループや友人など、多くの人に携わることができ、皆に育てられています 【雇用・就業と産業】六次産業農家が登場しています
市外との経済関係	市外からの移入・輸入額 第一次産業： 県内移出20億円 県外輸出78億円 第二次産業： 県内移出708億円 県外輸出3829億円 第三次産業： 県内移出696億円 県外輸出1540億円	⇒	総額5232億円 第一次産業： 県内移出33億円、県外輸出4000万円 第二次産業： 県内移出586億円、県外輸出2938億円 第三次産業： 県内移出570億円、県外輸出1105億円 【医療・福祉】中核病院が整備され、病気が重篤化しないよう、必要な時はかかりつけ医から中核病院に連絡がいきます 【雇用・就業と産業】東近江市に住む人びとが、東近江市で商いをし、地域の生活を支え、地域の人びとがお店を支える

表 2-3-4　温室効果ガス削減に関する 2030 年の想定と、そのもととなった意見

	将来（2030 年）の想定と、そのもととなった意見の例	
家庭での暮らし方	地域の交流・近所づきあいなどが活発化することで、1 人あたり 25％の省エネに相当 戸建住宅の 50％に太陽光発電が普及する 家庭の暖房・給湯の 2 割が薪などのバイオマスでまかなわれている	みんながどこかに集まって同じ時間を共有するというのは、実はエネルギーを節約することにもつながっています 一戸建の家の半分に太陽光発電パネルが設置される 家庭の 2 割、オフィスの 1 割で、これらを燃やすストーブやボイラーが使われています
	1 割の住宅がパッシブ設計 HEMS（家庭用エネルギーマネジメントシステム）が 2 割の家庭に普及	ハウスメーカーも断熱構造の建物を建築し、以前にも増して、エアコンも効きやすくなりました 特に意識しなくても、ある程度は省エネができているようになっています
人の移動	市内の移動の所要距離が平均 25％短縮 市内での自動車による移動の 10％が鉄道、20％がバス、30％が徒歩・自転車、30％が電気自動車に転換 市外（県内外問わず）への自動車による移動の 50％が鉄道に転換	さまざまな形で、みんなが自分や他の誰かのために働くことが、結果として遠くに出かける回数が減る、必要がないということに、つながっていったのです 地元の職場で、しかも自宅からそう遠くないところで働いている、という人が増えました みんなの協力でバスを走らせるようにしたり、商店街につながる道では自転車が走りやすいようにしたり、といったことを、少しずつ進めてきました
モノの移動	農林水産物の遠県への輸送の割合を半減 トラック輸送時のエネルギー消費を 10％減 県内および近隣への輸送の 25％を鉄道、15％を湖上船舶で	地産地消の考え方が広まり、大阪や京都など近くの都会向けの農産物の出荷が増えています 地域の人たちがお互いに助け合う気持ちと、運びたい人同士の情報をつなぐ仕組みで、むだなく荷物を運ぶことができるようになりました

表 2-3-5　東近江市の産業における移輸入／域内自給／移輸出の構造の比較（百万円）

		県外移輸入	県内移入	域内自給	県内移出	県外移輸出
2000年	第一次産業	7,839	1,966	2,112	1,260	15,022
	第二次産業	382,866	70,803	179,841	39,084	704,366
	第三次産業	153,994	69,578	314,348	69,370	13,847
	合　　計	544,699	142,347	496,301	109,714	733,235
2030年		県外移輸入	県内移入	域内自給	県内移出	県外移輸出
	第一次産業	42	3,375	3,375	2,024	15,022
	第二次産業	280,537	58,062	179,815	37,024	582,011
	第三次産業	110,535	53,032	284,622	73,359	18,260
	第六次産業	0	0	35,914	573	7,957
	合　　計	391,113	114,469	503,727	112,981	623,250

【温室効果ガス排出量】

東近江市の一九九〇年、二〇〇〇年と二〇三〇年の二酸化炭素排出量を図2-3-5と表2-3-6に示す。二〇三〇年の排出量は一九九〇年比で五〇%以上削減されている。

3　地域にとっての「豊かさ」とは

「豊かさ」をもたらす要素の抽出と定量化

「豊かさ」の考察は、ビジョンが完成したのち、あるいはビジョンを作成しながら、議論の過程で提案された多くの意見を整理することから始まる。

一つ一つの意見の意味を考えるなかで、共通項として、参加者らは、自分たちの生活がどのように変わることを欲するのか、その大きな方向性を見出し、なるべく簡潔なキーワードに集約することで、「地域の豊かさを向上させるために必要な要素」を見つけ出す。

そのようにして見出された要素は、数値的な根拠をもったビジョンのなかで、何らかの形で変化の度合いを表現することが可能なはずである。豊かさそのものを定量的な尺度で表現することは難しいが、豊かさの向上につ

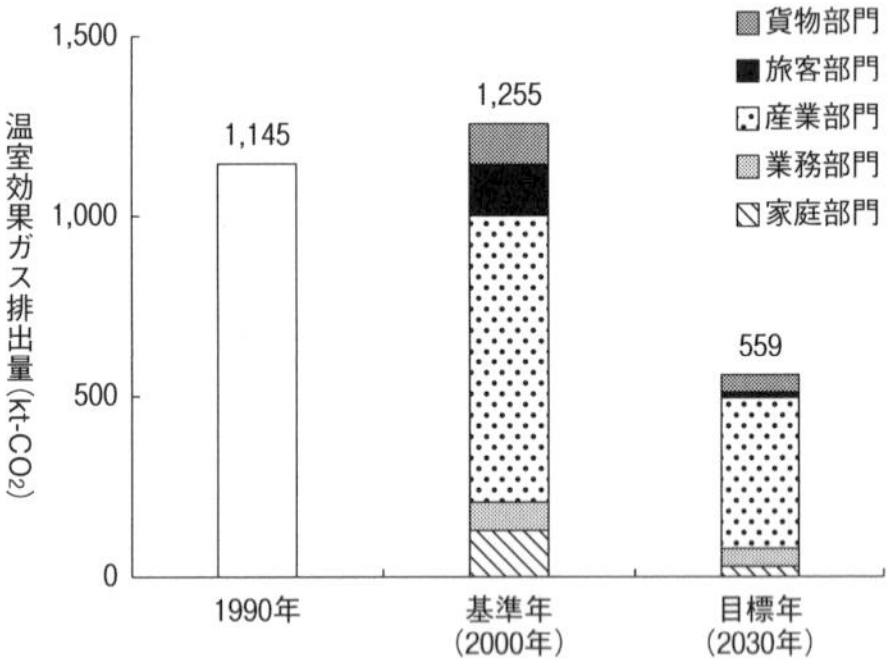

図 2-3-5　東近江市の温室効果ガス排出量の推計

表 2-3-6　東近江市の温室効果ガス排出量の推計

部　門	温室効果ガス排出量（kt-CO_2）		
	1990 年	2000 年	2030 年
家　庭		129	29
業　務		78	49
産　業		794	418
旅　客		143	15
貨　物		111	48
合　計	1,145	1,255	559
1990 年比		（+ 9.6%）	（− 51.2%）

ながる要素がどのように変化したかを追うことで、ビジョンで具体化した将来の社会が、地域の豊かさを高める方向にあるか否かを判断することが可能になる。

ひがしおうみ環境円卓会議の場合、ビジョンの内容を図2‐3‐6のように整理した上で、豊かさにつながる重要な要素として、地域との「つながり」に的を絞って結果の再分析を行った。

具体的には、「人と自然とのつながり」と「人と人とのつながり」という二種類のつながりを、「仕事」と「暮らし」の側面から考察した。具体的な評価項目については以下の通りである。

・仕事を通じた、地域の人と人とのつながり……東近江市内で創出される仕事のうち、市内在住の就業者によってまかなわれるものの増分（労働時間換算）

・暮らしを通じた、地域の人と人とのつながり……コミュニティの再形成によって生み出される、家族や地域の人と一緒にいる時間の増分（生活時間換算）

・仕事を通じた、地域の人と自然とのつながり……自然にかかわる仕事としての、農林水産業ならびに観光業に関する仕事の増分（労働時間換算、自給目的での農作物の生産や「第六次産業」の一環としての農業にかかわる時間も含める）、民生家庭部門での再生可能エネルギー消費量の増分（エネルギー換算）

・暮らしを通じた、地域の人と自然とのつながり……農林水産部門の最終需要のうち地域内での自給分と、その他の地域内需要から誘発される農林水産部門の生産分（生産額換、自給目的での生産分も金額に置き換えて換算）、民政業務・産業部門での再生可能エネルギー消費量の増分（エネルギー換算）

地域で生まれる「つながり」に関する統合的考察

以上のようなプロセスで推計される「つながり」について、ひがしおうみ環境円卓会議で提案された意見を再度分析することによって、参加メンバーらの各項目に対する重視の度合いを推計した。

推計の判断材料として、第一～三回の東近江環境円卓会議にて使用された、各委員の提案が書かれた計四一五枚の付箋紙を用い、それぞれの内容が「仕事を通じた人と人とのつながり」「暮らしを通じた人と人とのつながり」「仕事を通じた人と自然とのつながり」「暮らしを通じた人と自然とのつながり」のいずれに関するものであるか、プロジェクトメンバーらの判断によって振り分けを行った。振り分けに際しては複数メンバーが各自振り分け作業を行った結果の平均値を採用した。また自然とのつながりのうち再生可能エネルギーに関するものは別途、エネルギーの種類ごとに振り分けることによって重みをつけ、のちに民生家庭部門と民生業務・産業部門の消費量に基づいて再按分を行った。

推計の結果を表2-3-7に示す。円卓会議参加者らのつながりに関する考えをまとめた結果、「仕事を通じた人と人とのつながり」「暮らしを通じた人と人とのつながり」「仕事を通じた人と自然とのつながり」「暮らしを通じた人と自然とのつながり」のいずれもほぼ等しく重視されていることが推測される。

「つながり」の創出がもたらす温室効果ガス削減効果

温室効果ガスの削減効果に関しても、削減要因分析の結果をもとに「つながり」の向上に伴う地域社会構造の変化がもたらした要因と、それ以外の要因（単純な技術的要因など、基本的に地域外からの影響によるもの）に分けて算出した。

ExSSによる東近江市全体での温室効果ガス排出量は図2-3-5および表2-3-6に示した通りである。さらに、その削減要因ごとに、次のように要因分析を行った。

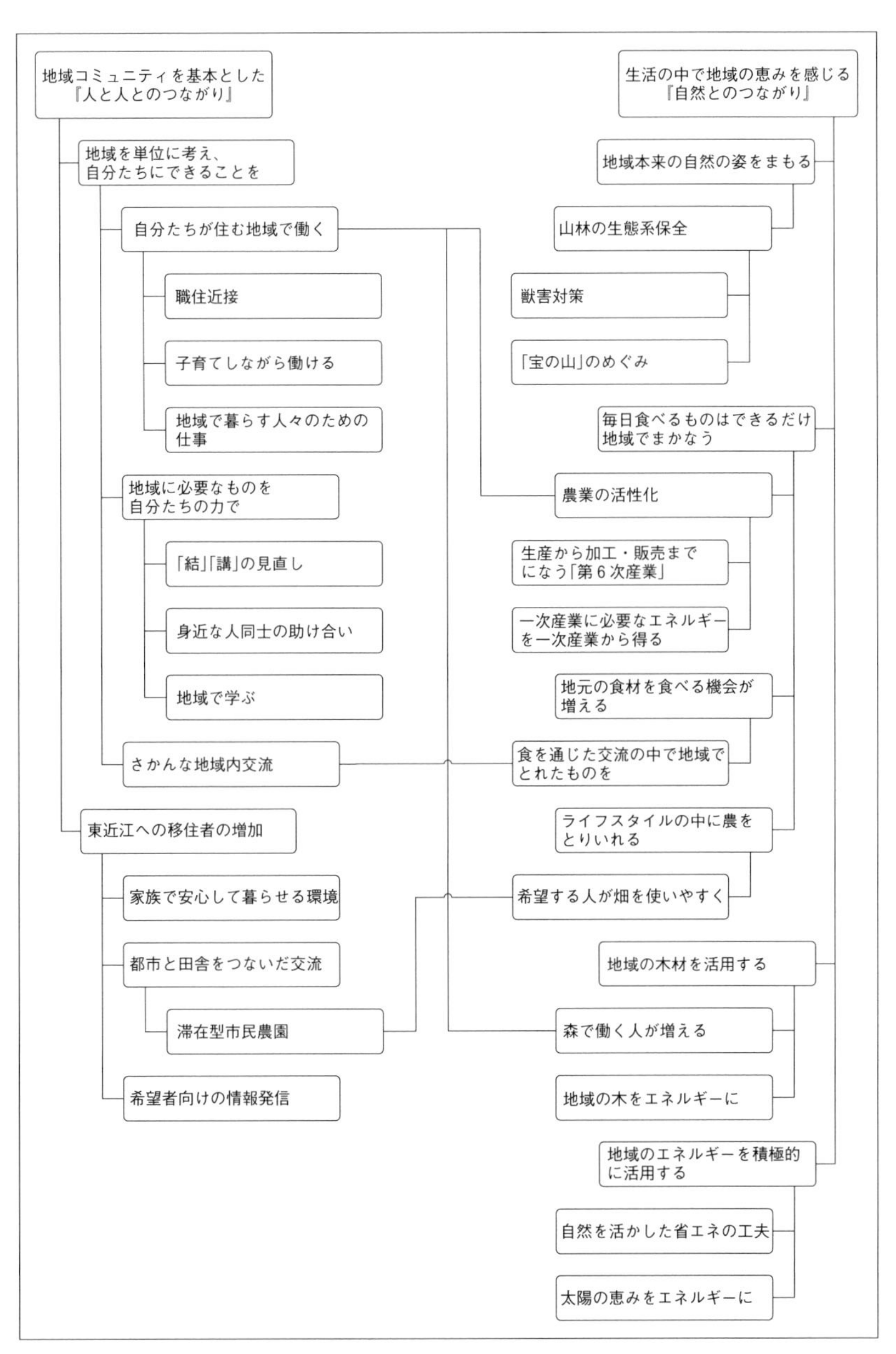

図 2-3-6　東近江市における「地域の豊かさ」を高めるための要素の抽出（一部要約・抜粋）

温室効果ガス削減効果＝
（活動量変化による削減分）＋（活動量あたりサービス量変化による削減分）
＋（サービス量あたりエネルギー消費量変化による削減分）＋（地域内での取り組みによるエネルギーあたり温室効果ガス排出量変化による削減分）＋（系統電力の寄与によるエネルギーあたり温室効果ガス排出量変化による削減分）

表２‐３‐８に、温室効果ガス削減の各要因と各部門における具体的な削減要因との対応を示す。表中において太字で示している部分は、先述した地域における「人と人のつながり」あるいは「人と自然とのつながり」に関する要因を表しており、全体の削減要因のうちの太字部分に由来するものを抜き出すことで、持続可能な地域社会への構造変化が脱温暖化にどれだけの貢献をもたらすかを定量的に把握することが可能である。

表２‐３‐９に要因分析の結果を示す。表中における「サービス需要変化」とは先述の要因分析式における活動量あたりサービス量変化による削減分、「エネルギー集約度変化」とはサービス量あたりエネルギー消費量変化による削減分、「炭素集約度変化（地域）」とは地域内での取り組みによるエネルギーあたり温室効果ガス排出量変化による削減分、「炭素集約度変化（系統）」とは系統電力の寄与によるエネルギーあたり温室効果ガス排出量変化による削減分を意味する。

表中に示す通り、今回の想定条件下では二〇〇〇年比で合計五四・四％の温室効果ガス排出量削減のうち、ひ

表 2-3-7 「つながり」の構成要素に関する重み付け

つながりの要素	重み付け指数（合計 100）
地域の人と人とのつながり	52.99
仕事を通じて	27.85
暮らしを通じて	25.13
地域の人と自然とのつながり	47.01
仕事を通じて	21.59
（うち、再生可能エネの利用）	(4.96)
暮らしを通じて	25.42
（うち、再生可能エネの利用）	(5.79)

表 2-3-8　温室効果ガス削減の各要因と各部門における具体的な削減要因との対応

部門	活動量変化	活動量あたりサービス量変化	サービス量あたりエネルギー消費量変化	エネルギー量あたり温室効果ガス排出量変化（地域内寄与分）	エネルギー量あたり温室効果ガス排出量変化（系統電力寄与分）
家庭	**世帯数の増減**	ライフスタイルの変化	家庭のエネルギー機器の高効率化 断熱水準の改善 **薪ストーブ・太陽熱給湯器等の導入** 住宅のパッシブ化	家庭内でのエネルギー構成の変化 **再生可能エネルギーの利用**	
業務	**第三次産業生産額の増減**		事業所のエネルギー機器の高効率化 断熱水準の改善 **薪ストーブ、太陽熱給湯器等の導入** 事業所のパッシブ化	事業所内でのエネルギー構成の変化 **再生可能エネルギーの利用**	系統電力の排出係数の増減
産業	**第一次、第二次産業生産額の増減**	専業農家の大規模集約化 第六次産業型農業、自給自足的な農業の実施	製造工程の機器の効率化	農作業、製造工程でのエネルギー構成の変化 **再生可能エネルギーの利用**	
旅客	**旅客移動人キロの増減**	環境に配慮した運転	乗用車の燃費改善（電気自動車含む）	旅客移動時のエネルギー構成の変化	
貨物	**貨物輸送トンキロの増減**	地域内輸送の効率化	輸送車両の燃費改善	貨物輸送時のエネルギー構成の変化	

注）太字部分は、ひがしおうみ環境円卓会議における地域社会の「つながり」との関連性が高いもの。

表 2-3-9　近江市における削減の要因分析

部門	要因別温室効果ガス削減量（kt-CO_2）						地域社会の「つながり」に由来する削減量	地域社会の「つながり」以外に由来する削減量
	活動量変化	サービス需要変化	エネルギー集約度変化	炭素集約度変化（地域）	炭素集約度変化（系統）	計（括弧内は2000年比削減率）		
家庭	***8.4***	***19.7***	*41.8*	*42.5*	10.1	122.4　（81.1%）	61.4　（40.7%）	61.0　（40.4%）
業務	***−13.8***	0.4	*47.6*	*3.5*	11.4	49.1　（49.9%）	−3.0　（−3.0%）	52.1　（52.9%）
産業	***114.5***	*15.9*	117.5	*76.4*	51.1	375.5　（47.3%）	156.3　（19.7%）	219.2　（27.6%）
旅客	***34.7***	5.2	42.3	−9.3	7.1	80.0　（84.2%）	34.7　（36.5%）	45.3　（47.7%）
貨物	***10.5***	***6.8***	21.4	0.0	0.1	38.8　（44.7%）	17.3　（20.0%）	21.5　（24.8%）
合計	***154.3***	*47.9*	*270.6*	*113.1*	79.8	665.8　（54.4%）	266.8　（21.8%）	399.0　（32.6%）

注）***太字斜体***：該当部門・該当要因の削減量がすべて地域社会の「つながり」に由来すると見なせるもの。
　　細字斜体：該当部門・該当要因の削減量の一部が地域社会の「つながり」に由来すると見なせるもの。

がしおうみ環境円卓会議のなかで描かれた地域社会の構造変化、すなわち地域社会で生まれる「つながり」に由来する削減分は二一・八％に相当し、自然共生を基本とした持続可能な地域社会に向けての、社会のあり方そのものからの構造変化が脱温暖化の観点から見ても大きな意義を持つことが示唆される。

注

＊1　東近江市「二〇三〇年東近江市の将来像」（パンフレット）、二〇一一年（http://www.pref.shiga.lg.jp/d/biwako-kankyo/lberi/03yomu/03-01kankoubutsu/files/higashioumi_japan.pdf）（二〇一七年一一月一五日閲覧）。

＊2　由良僚章・五味馨・島田幸司・松岡譲「地域的特性を考慮した低炭素社会の構築手法に関する研究」『第三六回環境システム研究論文発表会講演集』二〇〇八年。

第4章　ビジョンを実現するためのロードマップ

持続可能な地域社会の将来像、つまりビジョンが完成し、その過程で参加者らが考える「豊かさ」の要素が見えてきたら、次にはそれを実現させるための道すじ、すなわちロードマップの作成に着手する。

先述したように、ロードマップづくりの作業の流れは、ビジョン実現のために必要な取り組みのリスト化、一連の取り組みの整理と体系化、現在から目標年までの行程表の作成という大きく三つのプロセスに分けられる。

1　ビジョン実現のために必要な取り組みのリスト化

ロードマップをつくる作業は、まずビジョンのなかで記されている将来の人びとの暮らしの要素の一つ一つに対して、実現可能かどうかを判断することから始まる。先述したように、その際の主たる基準には、実践する主体（担い手）が存在するか、実践のために必要な環境（場所など）が存在するか、既存の法制度などの条件をクリアできるかなどがある。課題が存在する取り組み（おそらくビジョンに記されているものの大半が該当するであろう）については、その課題をクリアするためにはどうすればよいか、について議論を繰り返す。

ひがしおうみ環境円卓会議では、ビジョン作成にかかわった同じメンバーで引き続きロードマップの作成を行った。この作成作業にかかる会議の流れは表２・４・１の通りである。

このような作業を経て、作成された取り組みリストの一部を表２・４・２に示す。表中ではそれぞれの分野の議論で提案された取り組みと、それに伴う結果として引き起こされる地域社会の変化（表中では「取り組みの結果」に該当）を併記している。「ロードマップ中での取り組み」の枠内の右側に列挙しているのが円卓会議の場で実際に提案された具体的な取り組み、左側はそれを複数の項目ごとに集約した取り組み名称である。

表 2-4-1　ひがしおうみ環境円卓会議におけるロードマップ作成の流れ

	開催日時・会場・内容
第 7 回	平成 23 年 4 月 26 日　会場：東近江市役所 ロードマップの議論の進め方について説明
第 8 回	平成 23 年 5 月 12 日　会場：東近江市役所 将来像実現のためのロードマップづくり（1） 参加者を 3 つのグループに分け、これまでに作成した将来像の要素をもとに、現在から 2030 年までの間に必要な取り組みを考え、追加する（以下、第 12 回まで同じ）
第 9 回	平成 23 年 5 月 24 日　会場：東近江市役所 将来像実現のためのロードマップづくり（2）
第 10 回	平成 23 年 6 月 9 日　会場：東近江市役所 将来像実現のためのロードマップづくり（3）
第 11 回	平成 23 年 6 月 21 日　会場：東近江市役所 将来像実現のためのロードマップづくり（4）
第 12 回	平成 23 年 6 月 30 日　会場：東近江市役所 将来像実現のためのロードマップづくり（5）
（運営スタッフの作業）	追加された取り組みを包括的に整理し、1 つの「体系図」を作成 個々の取り組みの主体、必要な労力、所要期間などを数値化し、数理モデル（BCM）により 2030 年までの取り組みスケジュールを作成
第 13 回	平成 23 年 8 月 23 日　会場：東近江市役所 ロードマップの最終検討 第 12 回までの議論の内容をとりまとめた体系図と、BCM の結果について説明ののち、最終チェック
（運営スタッフの作業）	参加者からの意見をもとにスケジュールの最終調整 ロードマップの序盤に、市内の既存の取り組みを反映

表 2-4-2　ひがしおうみ環境円卓会議で提案されたロードマップ中の取り組み（一部抜粋）

◎医療・福祉

取り組みの結果（ビジョンの要素）
地域医療福祉ネットワークの拡大
農作業を通じた健康の増進
地域で活躍する高齢者の増加
障がい者の就業率向上

ロードマップ中での取り組み（右が円卓会議中での具体的な意見）	
保健師・健康推進員の増員	保健師の重要性認識を啓発
	OB・OG の採用
	男性推進員の認可
中核病院の整備	中核病院の整備
かかりつけ医の浸透	総合医の育成
	かかりつけ医の認識向上
	かかりつけ医同士によるネットワークの構築
行き届いた健康診断	定期健康診断制度
	ちょこっと診察（インストアクリニック）
	IT 診察
死生観・メンタルヘルスの啓蒙	死生観・メンタルヘルスの啓蒙
ソーシャルファームの拡大	ソーシャルエンタープライズ条例の制定
収入と資産の合計による社会負担額の決定	収入と資産の合計による社会負担額の決定
リバースモーゲージの仕組みの構築	運営主体の検討
	未活用の土地・建物の把握
	基金の開設

◎教育・子ども

取り組みの結果（ビジョンの要素）
出産しやすく子育てしやすい環境の形成

ロードマップ中での取り組み（右が円卓会議中での具体的な意見）	
自分たちの地域について知見を深める	地域学・地元学の重要性を認識
	地場のものの旬を知る
安心安全な出産・育児の環境づくり	子どもに必要な情報や道具を共有できる場
	病児保育
子育てのあり方教育	母親以外の関係者もふくめた産前教育
	家族のあり方教育
出産時の社会保障の充実	雇用あるいは社会保険制度の変更、財源確保

2　取り組みの整理と体系化

取り組みのリスト化が終了したら、引き続き整理と体系化を行うため、まずは個々の取り組みについてもう一度見直しする。内容的に類似していると考えられるものがあれば統合するなどしてリストを簡約・整理する。

次に、個々の取り組みの内容を検討して、先述したように、取り組みAを済ませてからでないと取り組みBに着手できない、取り組みCと取り組みDは同時に実施するのが望ましい、あるいは取り組みEが拡大すれば取り組みFもおのずと進展するなどのように、取り組み相互のつながりを明らかにしていく。この作業を繰り返すことで、最終的には、ビジョンを実現させるためにリスト化したすべての取り組みが、いくつかの大きな事業群として「体系化」されることになる。

ひがしおうみ環境円卓会議においては、まず①参加者らがビジョン実現のための取り組みをリスト化し、それが終了したら、②運営スタッフが取り組み項目全体を体系化した。

さらに、どの取り組みによってどれだけの温室効果ガスが削減できるか、豊かさの重要要素である「仕事を通じた人と人とのつながり」「暮らしを通じた人と人とのつながり」「仕事を通じた人と自然とのつながり」「暮らしを通じた人と自然とのつながり」が高められるかを整理し、全体としてすべてが一つの大きな取り組みとなる、図２-４-１のような体系図を作成した。

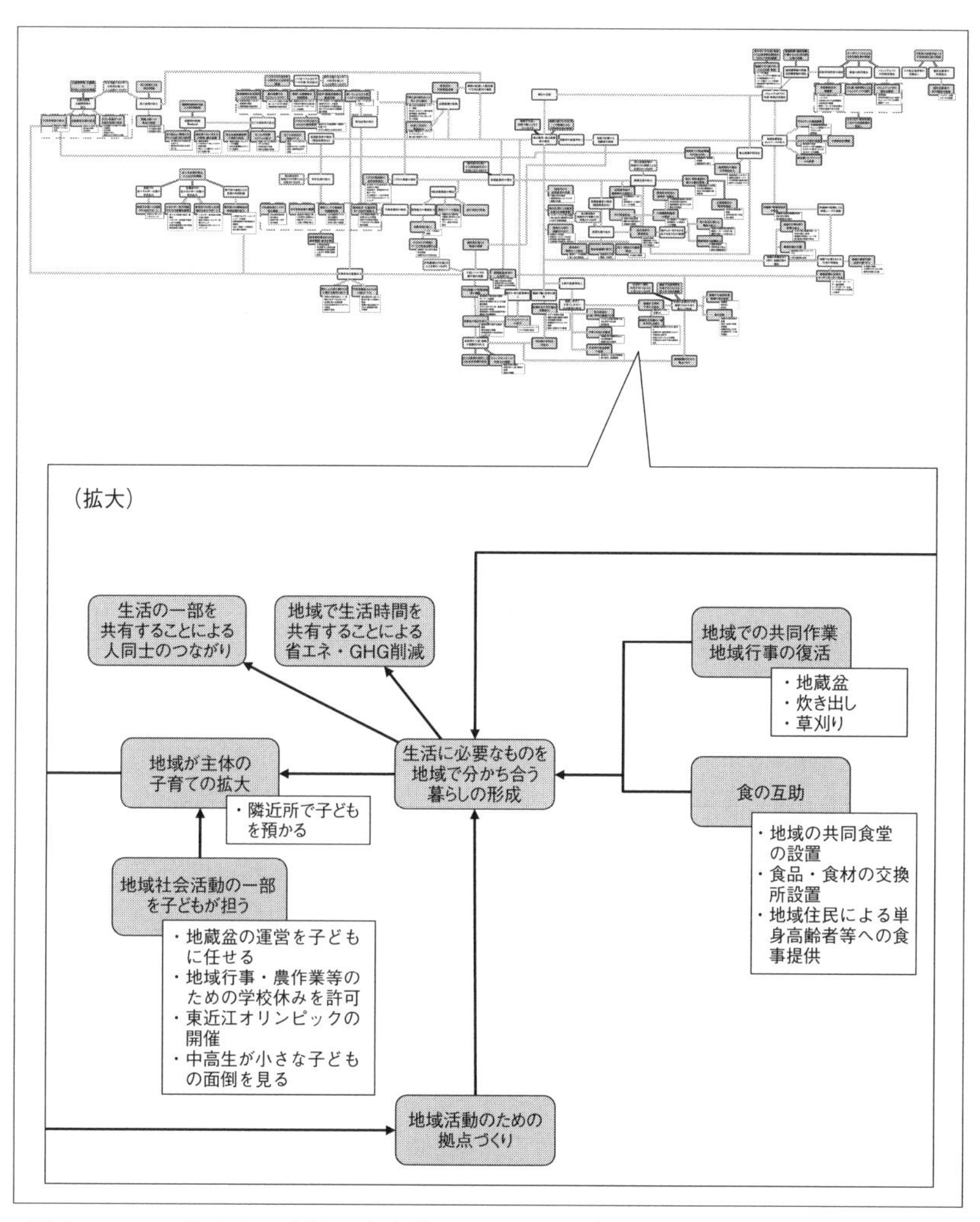

図 2-4-1　ひがしおうみ環境円卓会議のロードマップの体系化

3　現在から目標年までの行程表の作成

個々の取り組みを実施するにあたり必要な「労力」「資金」「期間」などが設定できれば、体系化された取り組みを実施するための、現在から目標年までの行程表（スケジュール）が作成できる。

円卓会議では、定量的に具体化された二〇三〇年の東近江市の姿をもとに、それを実現するためのプロセスを具体化するための手段としてバックキャスティングモデル[*1]（以下BCMと称する）を利用した。

BCMによってロードマップを作成するためには、前節のような取り組みのリスト化と体系化の作業を実施したのち、計算に必要なデータの作成を行う。一つ一つの取り組みに対して次の項目を基本情報として与える。

・主体……その取り組みを実施する地域の主体（市民・行政・企業など）、すべての取り組みに最低でも一つ以上の主体が必要
・実施期間……取り組みの着手から完了までに要する期間
・最早開始年……取り組みが着手可能な最早年
・実施労力量……主体がその取り組みを着手してから完了するまでに主体が費やす労力やコストなど
・継続労力量……取り組みの完了後も、事業運営や維持管理など継続のための仕事が必要な場合、そのために費やす一年間あたりの労力量
・直接削減量……その取り組みによって直接的に温室効果ガス排出量が削減される場合、その削減効果
・社会的効果量……その取り組みが、温室効果ガスの削減以外に地域社会にとって何らかの好影響をもたらす場合に、それを数値によって表したもの

さらに、個々の取り組みの間には次のような関係性があると考え、すべての取り組みについてこれらの関係の有無を確認しておく必要がある。

・先行と後続の関係……取り組みAが完了しなければ、取り組みBに着手できない（たとえば、都市計画の改定を行わなければ、工事に着手できない）

・同義と同調の関係……取り組みCと取り組みDは同時に実施すると考えるのが望ましい、あるいは取り組みEが拡大すれば取り組みFもおのずと進展する（たとえば、自転車専用道が増えるにつれて、自転車の利用も拡大していく）

さらに、取り組みに参加するすべての主体に対して、

・提供可能労力量……現在から目標年までの単年ごとに、それぞれの主体が提供することが可能な労力・コストなどの量

を定義し、以上のデータをもとに最適化問題として、

・目的関数……すべての取り組みからもたらされる社会的効果量として、（個々の取り組みの社会的効果量）×（取り組みの継続年数）の総和を最大化する

・制約条件……

・二つの取り組みに先行・後続の関係がある場合、先行取り組みが完了するまで後続取り組みは開始しない

・二つの取り組みに同義・同調の関係がある場合、両者の進捗は比例する

写真 2-4-1　ロードマップづくりの様子

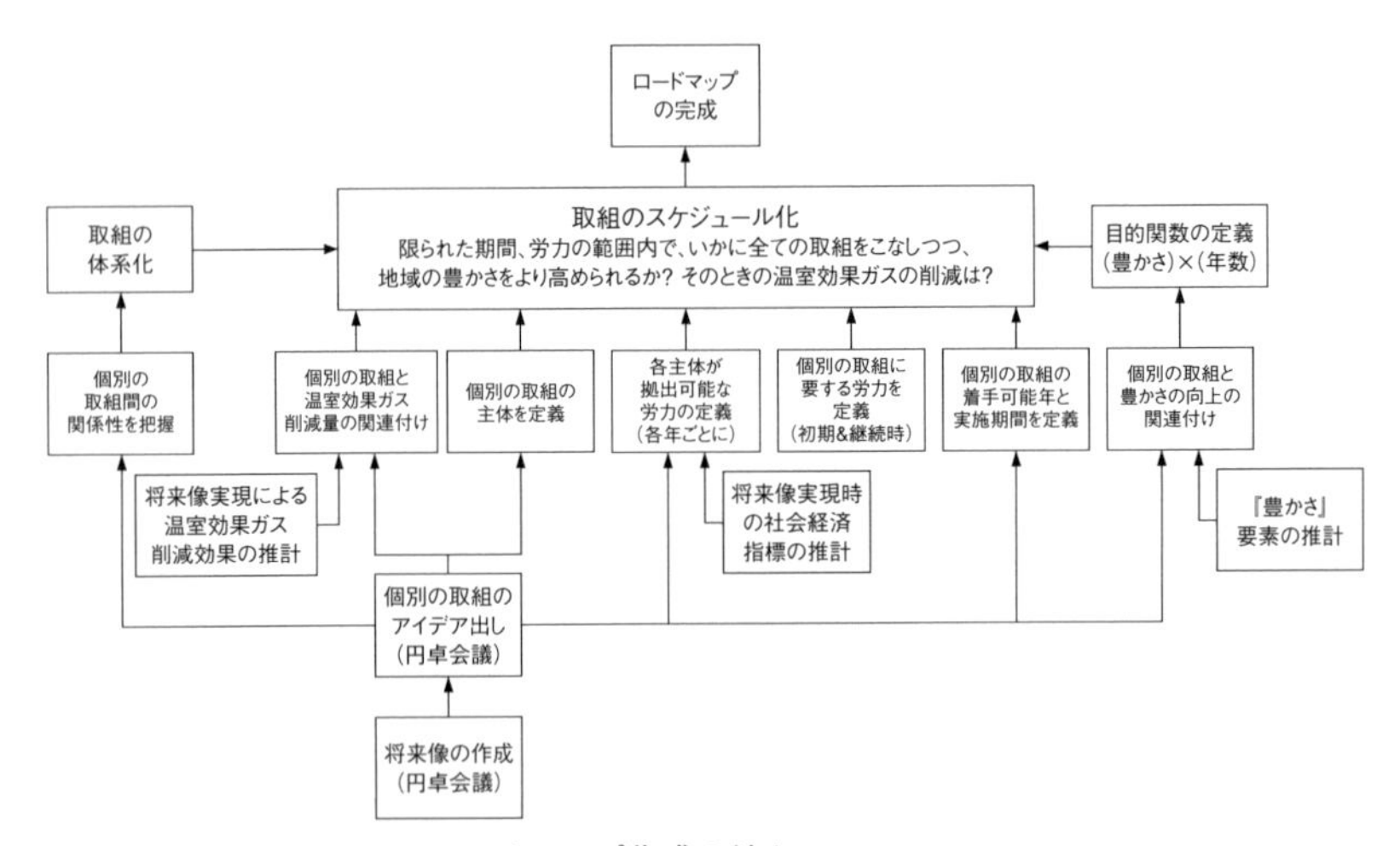

図 2-4-2　ＢＣＭによるロードマップ作成の流れ

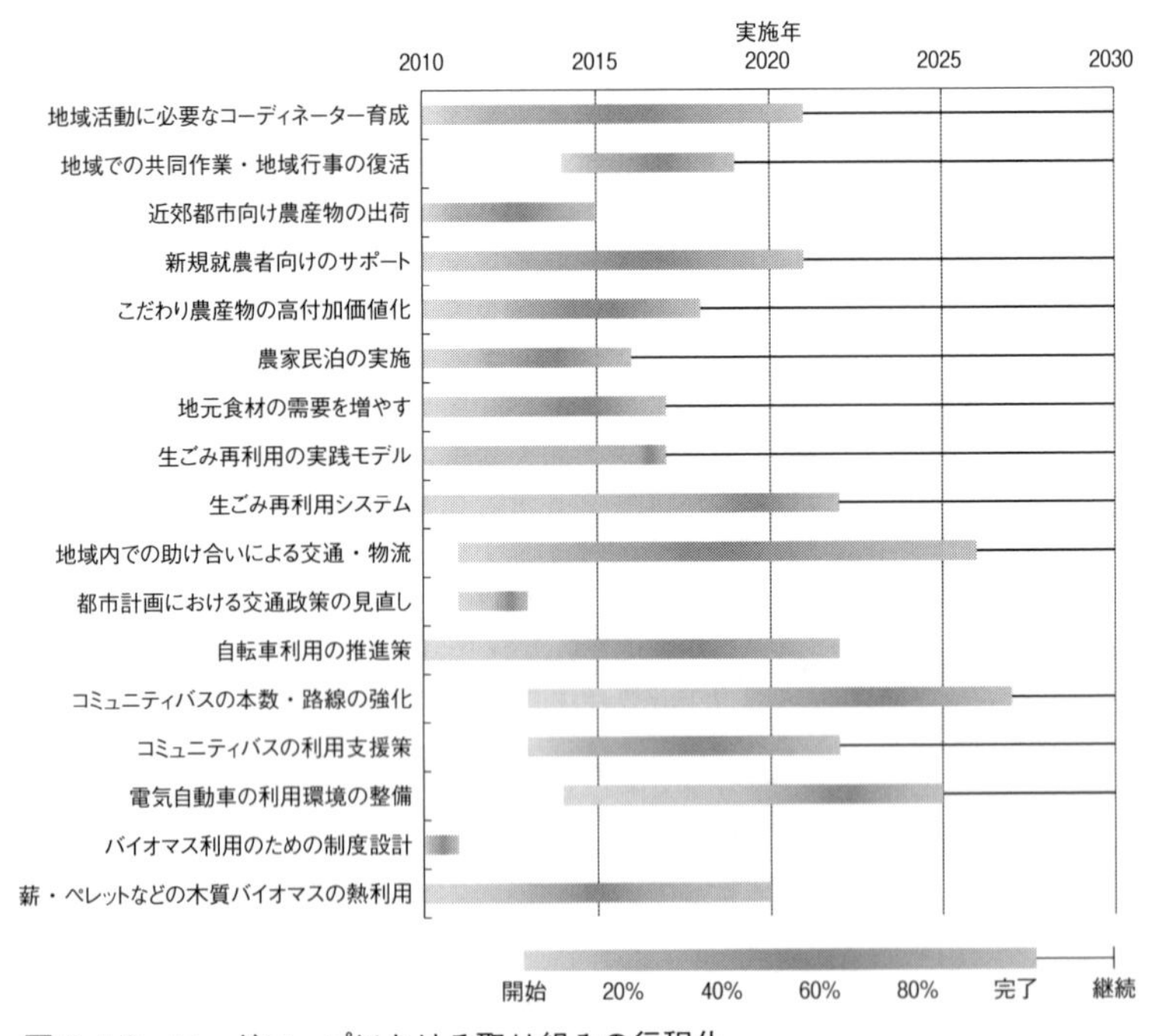

図 2-4-3　ロードマップにおける取り組みの行程化

・各取り組みに対して各主体が費やす労力の合計は、提供可能労力量を超えない

・目標年には、すべての取り組みが完了あるいは継続の状態にある

を解くことによって、すべての取り組みの進行状況を、単年ごとにスケジュール化したものとして出力することが可能になる。図２‐４‐２にＢＣＭを用いたロードマップ作成の流れを模式化したものを示す。

ＢＣＭに必要な定量データに関しては、ＥｘＳＳにて推計した温室効果ガス削減効果や、労働需要などの社会経済指標を用い、個々の取り組みに対してさらに、

・実施期間

・実施労力量

・継続労力量

・最早開始年（既存の取り組みが存在するものはすべて開始年から始まる）

・社会的効果量（表２‐３‐７で指数化した「つながり」を取り組みごとに振り分けたもの）

などをデータとして与え、開始年（二〇一一年）から目標年（二〇三〇年）までの二〇年間について、各主体が提供可能な労力の範囲内ですべての取り組みを、「つながり」をより高めつつも理にかなった順序で実施するための「スケジュール化」を実施した。

ロードマップ中の取り組みを行程化したものを図２‐４‐３に示す。

注

＊１　五味馨・金再奎・松岡譲「地方自治体における費用負担を考慮した低炭素社会へのロードマップ構築手法の開発」『土木学会論文集Ｇ（環境システム研究論文集）』第三九巻、Vol.六七、No.六Ⅱ、二二五―二三四頁、二〇一一年。

第5章　ビジョンの社会実装に向けて

1　行政計画への反映

東近江市では二〇〇六年に制定した「東近江市民の豊かな環境と風土づくり条例」の理念に基づき、二〇〇九年に「東近江市環境基本計画」を策定した。この計画の推進のため、市民・市民団体・事業者・行政が、対等の立場で参加し、共通のテーブルで環境への取り組みを協議、推進する組織として、ひがしおうみ環境円卓会議を設置することになっていた。

第三章で示したビジョン「二〇三〇年東近江市の将来像[*1]」は、ひがしおうみ環境円卓会議が、二〇一〇年二月から一二月にかけて計六回の会議で議論を重ね、取りまとめたものである。そこには、地域の自然と人とのつながりをベースに、人と人とのつながりの再生を通じて、市民が豊かさを感じるような将来社会の姿が描かれており、従来の狭義の環境施策だけではなく、経済や社会の側面も含めた地域づくりの観点が重視されている。その成果は、二〇一四年度に環境省の「環境共生型の地域づくりに向けた検討会」で報告され、今後の日本の環境政策の方向性を示す「低炭素・資源循環・自然共生政策の統合的アプローチによる社会の構築（意見具申、二〇一五年六月公表）」に示された、新たな社会像のモデルになるなど、高い評価を得ている。

東近江市は、二〇一六年度に策定した「第二次東近江市環境基本計画」のなかに、このビジョンを継承して、

・気候変動や生物多様性の減少、資源枯渇など、人為的な影響による環境の悪化が一定の限度を超えないよう配慮しながら、

・東近江市が持つ豊かな自然と人びとの営みを有機的につなげ、

・大都市へ人材・資金が流出する社会構造から地域の自給力と創富力を高める

ような社会構造へと転換し、結果として市民が豊かさを感じられる循環共生型社会を、目指すべき将来像としている[*2]。同計画には、実現のための基本方針および基本施策、必要な重点取り組みが提示されている。

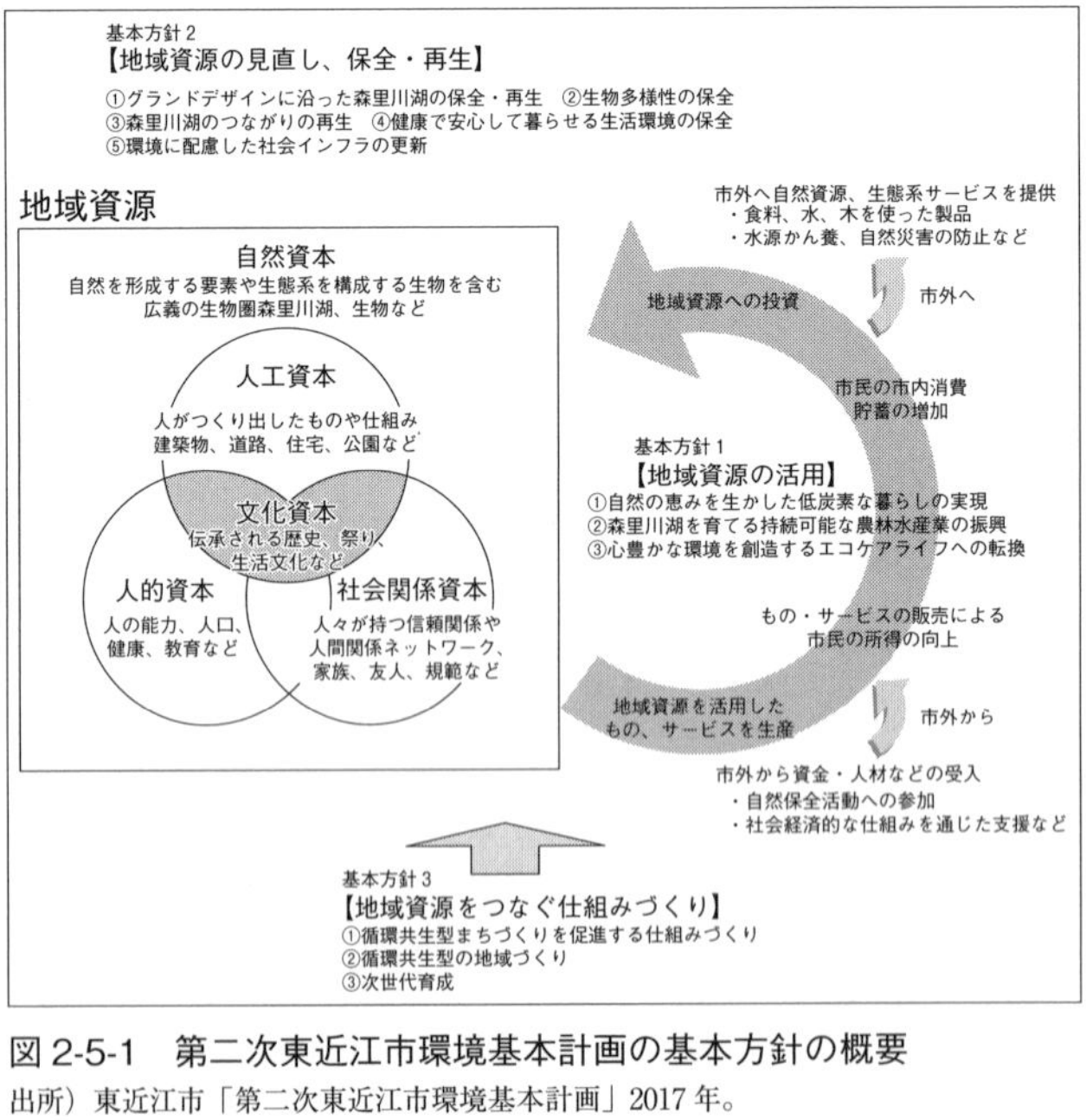

基本方針 2
【地域資源の見直し、保全・再生】
①グランドデザインに沿った森里川湖の保全・再生　②生物多様性の保全
③森里川湖のつながりの再生　④健康で安心して暮らせる生活環境の保全
⑤環境に配慮した社会インフラの更新

地域資源

自然資本
自然を形成する要素や生態系を構成する生物を含む
広義の生物圏森里川湖、生物など

人工資本
人がつくり出したものや仕組み
建築物、道路、住宅、公園など

文化資本
伝承される歴史、祭り、
生活文化など

人的資本
人の能力、人口、
健康、教育など

社会関係資本
人々が持つ信頼関係や
人間関係ネットワーク、
家族、友人、規範など

市外へ自然資源、生態系サービスを提供
・食料、水、木を使った製品
・水源かん養、自然災害の防止など

地域資源への投資

市外へ

市民の市内消費
貯蓄の増加

基本方針 1
【地域資源の活用】
①自然の恵みを生かした低炭素な暮らしの実現
②森里川湖を育てる持続可能な農林水産業の振興
③心豊かな環境を創造するエコケアライフへの転換

もの・サービスの販売による
市民の所得の向上

地域資源を活用した
もの、サービスを生産

市外から

市外から資金・人材などの受入
・自然保全活動への参加
・社会経済的な仕組みを通じた支援など

基本方針 3
【地域資源をつなぐ仕組みづくり】
①循環共生型まちづくりを促進する仕組みづくり
②循環共生型の地域づくり
③次世代育成

図 2-5-1　第二次東近江市環境基本計画の基本方針の概要
出所）東近江市「第二次東近江市環境基本計画」2017 年。

第二次東近江市環境基本計画の基本方針

今わが国では、人口減少と高齢化は避けることのできないトレンドである。それに伴い、これまで有効に利用され地域の生活を支えてきた、

・森林、生物などの自然資本
・農耕地、建築物や公共施設などの人工資本
・家族、隣人、組織などとのつながりから生まれる社会関係資本
・個人が持っている能力で構成される人的資本

といった地域資源の放棄・遊休化が進み、時には森林の放置による荒廃や、獣害や災害の発生、また疎遠な近所づきあいによる孤独死の増加など、地域に負の影響をもたらしている。

このような現状をふまえて、第二次東近江市環境基本計画では、地域で眠っている自然資本や人工資本を再活用し、地域の多様な主体に参加してもらうことで、社会関係資本や人的資本を最大限に活かせるような、実効性の高い計画が目指された。そのため、図2-5-1に示すような、地域資源の活用、地域資源の見直しと保全・再生、地域資源をつなぐ仕組みづくり、という三つの基本方針を設定している。

2　第二次東近江市環境基本計画の進捗管理

東近江市環境円卓会議による進捗管理

将来像の実現を着実に進めていくためには、行政の施策や、市民・事業者の取り組みの進捗を定期的に把握・評価し、必要に応じて計画を見直していくことが求められる。

東近江市では、図2-5-2に示すような計画策定から具体的な取り組みの実施、取り組みの点検・評価、計画の改善までの一連の流れを、PLAN（計画）→DO（実行）→CHECK（点検）→ACTION（見直し）というPDCAサイクルにより進めていこうとしている。

具体的には、東近江市環境円卓会議（二〇一六年に従来の「ひがしおうみ環境円卓会議」を改称）が主体となって、地域社会が目指すべき将来像に近づいているかどうかを評価し、課題の抽出や共有、見直しの提言など、全般的に計画の進捗を管理していく。計画の達成状況を測る方法として、従来のような行政施策（事業）の実施状況に加えて、市民目線による、市民自らが主体となる取り組みの実施状況を、新たな指標として設定する。東近江市環境円卓会議では、これらの取り組みの実施状況を、「環境（二酸化炭素の排出削減量）」「社会（人と人、人と自然とのつながりの時間数）」「経済（地域内生産額と循環額）」を指標として評価することで、目指すべき将来像の実現に対する進展の度合いを総合的に判断し、計画全体の進捗管理を行うのが大きな特徴である。

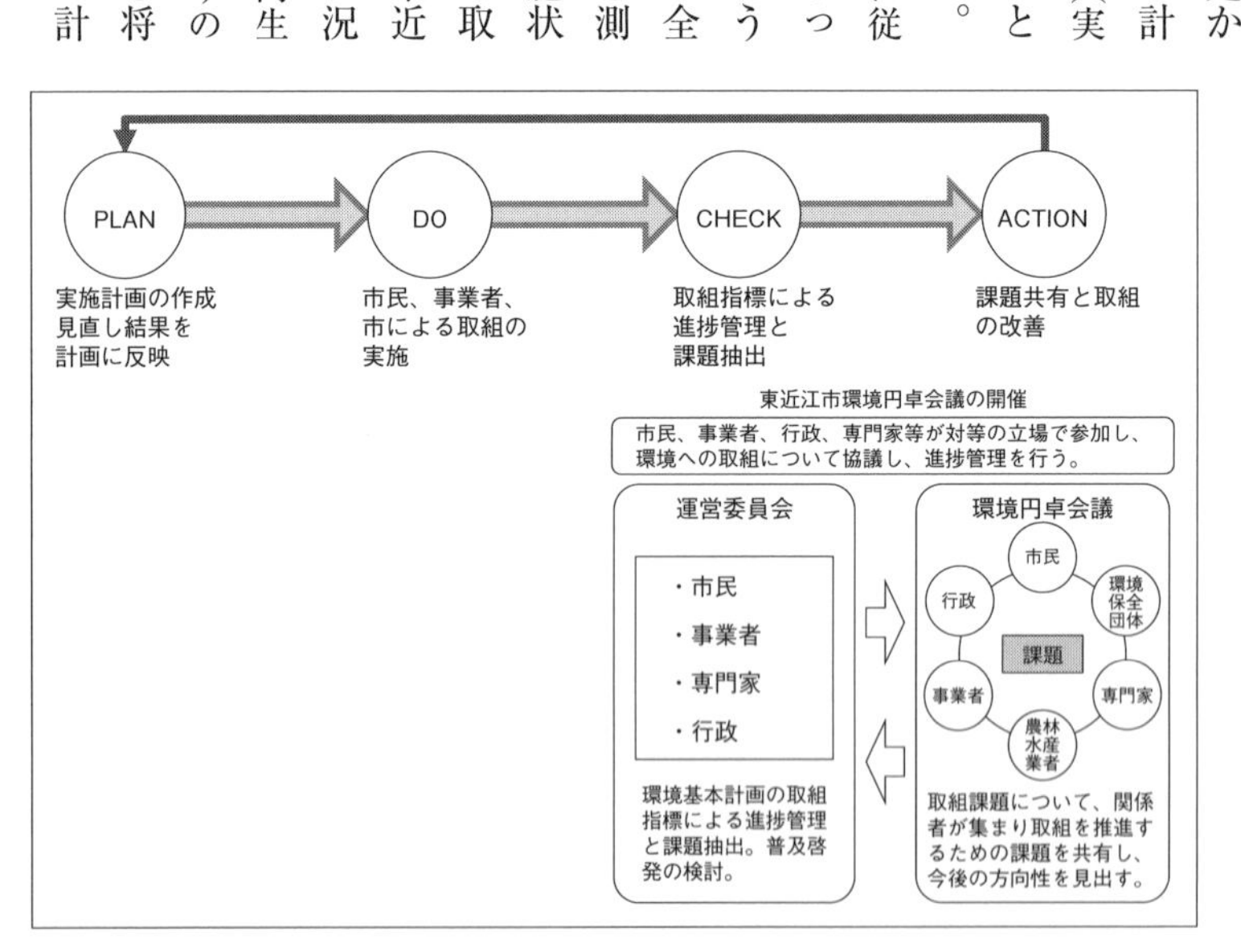

図 2-5-2　東近江市環境円卓会議による計画の進捗管理の概要

出所）東近江市「第二次東近江市環境基本計画」2017 年。

東近江市環境円卓会議は、二年に一度、これらの取り組みの実施状況の確認や、さらなる普及・発展に向けた意見交換会を行い、課題を抽出・共有する。そして、翌年度には一般市民への普及活動とともに、将来像の一般市民との共有と具体的な取り組みへの参加のきっかけづくり、交流・協働の場づくりを行うことにしている。

また、身近なところで実際行われている取り組みを市民に見てもらうことで、漠然とした将来の暮らしの姿を具体的にイメージしてもらい、参加のきっかけや、新たな取り組みへの動機づくりにつなげること、これらの取り組みのさらなる拡大、普及のための課題や解決策を考えることで、目指す社会の実現に向けた有効な施策を見出すことも、円卓会議の重要な役割である。

市民目線の指標づくり

従来の環境基本計画などで実施されている進捗管理は、主に行政が行う施策の達成目標（短期間の事業量など）とその実施状況で判断するのが一般的である。しかし、そのような視点からの進捗管理だけでは、市民がその施策によって自分を取り巻く生活環境がどう変わるのか、自分は何をすればいいのか、ひいては将来どのような地域社会になるのか、というイメージをつかむことは難しい。その結果、市民こそが施策の推進主体であるにもかかわらず、計画は進んでも市民の参加にはつながらないという状況が多く見られる。また、持続可能な社会の実現に不可欠な「豊かさ」と、施策との関係性が不明確なままでは、市民が豊かさを感じられるような施策を見出すのは難しい。

そこで、東近江市では、すでに市内で行われている取り組みのうち、将来像で言及しているような取り組みを実施している先進的な事例を市民の目で選定し、これをモデルとしてその活動状況を調査することによって、地域が目指すべき将来像に近づいているかどうかを判断する指標としている。

将来像の実現につながる先進的な取り組み

東近江市内ではすでに市民自らが主体となり、地域資源（自然資本、人工資本、社会関係資本、人的資本）の活用や保全・再生のためのさまざまな取り組みが実践されている。

その代表例として、愛東地区で環境円卓会議の市民メンバーらが中心となって、障がい者の働く「ならではの働き実践施設」、介護を必要とする人とその家族の暮らしを応援する「地域で安心して暮らしていくための応援拠点施設」、安心安全な地元の素材にこだわって地域のお母さんが心を込めてつくる「福祉支援型農家レストラン」を一ヶ所に集めた「あいとうふくしモール」が建設された。

地域の人によって地域で生産された農産物の使用、市民共同発電所の仕組みを取り入れた太陽光発電、障がいのある人の「働きたい」を叶える場で生産された薪の利用、地域の人による高齢者ケア、といった食料・エネルギー・ケアの地域内自給をベースに、生まれてから死ぬまでこの地域で安心して暮らすための拠点と仕組みづくりを目指して、二〇一三年四月にオープンした融合施設である。地域資源を活用し、地域に相応の役割をつくりながら、地域の力でお互い支えあえる場を通じて、地域内でお金の回る仕組みを実践しているこのふくしモールの取り組みは、第二次東近江市環境基本計画で掲げる市民が豊かさを感じる社会の実現に向けた代表的なもののひとつといえる。

また、蒲生地区まちづくり協議会では、「ビジョン（二〇三〇年　東近江市の将来像）」と「ロードマップ」を学習・共有して、地区レベルで実現可能な取り組みを洗い出し、実践に向けた検討を始めている。「一般社団法人ｋｉｋｉｔｏ」は、間伐材を森林所有者から一般的な取引価格よりも高値で買い取り、地元企業と連携協力して付加価値の高い紙・木製品等の企画・販売をするなど、森を介して、経済（お金）と人と心をつなぎ、地域の経済循環の創出につなげる取り組みを展開している。「ＮＰＯ法人愛のまちエコクラブ」は、菜の花に注目し、資

表 2-5-1　将来像の実現につながる先進的な 23 個の取り組み

No.	取り組み	取組団体名・調査対象団体	取り組みの目的・内容など
1	地域医療連携ネットワーク	三方よし研究会（東近江地域医療連携ネットワーク研究会）	医療・保健・福祉・介護の切れ目のないサービスの提供体制を構築するため、関係機関の機能分担と連携のあり方を検討している。「患者よし・機関よし・地域よし」の三方よしを目指して、2007 年度から、毎月 1 回、圏域内の病院・診療所・介護施設・公共機関などの関係者が一堂に集まり「顔の見える関係づくり」を行っている。毎回約 100 名が参加。
2	子育てをキーワードとした地域の活動拠点づくり	NPO 法人エトコロ	子育ての中に芸術の力を取り入れることで、本物を体験すること、五感を育むこと、感動することのきっかけをつくっていくことが目的。親をはじめ子育てに関わる全ての人びとや、それを支える地域の人びとが活動できる拠点づくりを進める。
3	リサイクルシステム（3R、生ごみの堆肥化など）	あいとうリサイクルシステム	旧愛東町の市民有志が取り組み始め、生活系から発生するごみの減量化、資源化を行っている。この活動が発展し、自治会と団体、行政が協働で行うシステムが確立した。現在 7 品目 11 種類の回収を行っている。
4	コミュニティバス	市営ちょこっとバス	市民の移動の自由を確保し、高齢者や障がい者、子どもなど誰もが安心、安全、便利に利用できる環境負荷の少ない BDF を使用したバス。乗合によるコミュニティの創出も期待している。
5	集いの場づくり（グループホーム、縁側喫茶、福祉サロンなど）	蒲生地区まちづくり協議会（ふれあい交流部会・あかね部会）	地域で気軽に集まることのできる拠り所づくりを行う。ボランティアではなく小商いの手法で集落の共同体機能の維持・活性化を行う仕組みの構築が目的。
6	市民共同発電所	東近江市 SUN 賛プロジェクト	八日市商工会議所と東近江市商工会が連携し、太陽光などの地域資源を活用して付加価値を創造し、地域商品券で「富」を地域循環させることによって、地域活性化を図る。市民 38 名から協力金を集め、市有施設の屋根に「ひがしおうみ市民共同発電所 3 号機」11.4kW を設置した。また、その配当等は地域商品券である『三方よし商品券』で行う。三方よし商品券は、商工会議所および商工会の参加協力店 400 店舗あまりで利用でき、2012 年度発行額は約 3,000 万円で、今後普及拡大をめざしている。
7	地域材の循環システムづくり	一般社団法人 kikito	間伐材を森林所有者から一般的な取引価格よりも高値で買い取りし、地元企業と連携して付加価値の高い紙・木製品等の企画・販売など、森を介して「経済（お金）」と「人」と「心」をつなぎ、地域の経済循環の創出につながる取組みを展開。また、企業・消費者が森づくりに参加できるような仕組みづくりにも取り組んでいる。
8	地域ぐるみの森林整備	永源寺森林組合	集落ぐるみで集落周辺の森林の「森林経営計画」を策定し、補助事業を活用して整備する取組。2012 年度の制度移行に伴い、集落周辺の雑木林でも、集落ぐるみで森林所有者の合意形成を図り森林経営計画を策定すれば、補助事業として整備ができる。伐採・搬出した木材の売却益により個人負担なしの整備が可能。
9	小規模地域分散型の熱供給のシステムづくり	薪プロジェクト	周辺集落の雑木林を、地域の様々な人・組織をつなぐことにより、地域の薪炭林として地域住民が長期的に利用できるしくみ（薪炭林再生の東近江モデル）の構築が目的。雑木林の適正管理手法としくみ、費用負担等の可能性を調査中。

（表 2-5-1　つづき）

10	食とエネルギーの自立	菜の花エコプロジェクト	「菜の花」に注目し、資源循環サイクルを地域の中に形成し、その循環サイクルへの地域の人びとの参加を広げる（＝循環型のライフスタイルに転換する）ことで、「地域自律の循環型社会モデル」をつくろうとする試み。
11	手づくり市やマルシェ	Mitte	東近江の魅力を伝えるため、地産地消をテーマにバラエティ豊富に取り揃えたデイリーフード＆グローサリーストアを展開中。
12	地域おこし協力隊	近江政所茶	2014 年度より奥永源寺地域に導入。茶づくり塾の企画開催、よーきて喫茶の企画開催、地域内外イベントでの政所茶 PR 活動、政所茶の新パッケージ企画、茶摘み体験イベント等の開催を行っている。
13	福祉事業所のローカルビジネス	社会福祉法人あゆみ福祉会　工房しゅしゅ	酒粕とクリームチーズを混ぜ合わせたスイーツである「湖のくに生チーズケーキ」を製造販売。障碍者雇用。
14	環境こだわり農業	農事組合法人　万葉の郷ぬかづか	環境に優しい農業を実践し、米はすべて「滋賀の環境こだわり米」。水稲の協業経営化により、農作業に従事する時間が少なくなった高齢者が野菜を減農薬で生産し、直売所で販売。米粉パン等の加工販売も行う。
15	漁業	能登川漁業協同組合	川や湖の清掃、魚の住処の保全整備など、地域資源の持続的な利用に配慮しながら漁業を行う。
16	地元食材を使用したレストラン	池田牧場「香想庵」	郷土のものを使い、素材を大切にした季節感を味わうことができる農家レストラン。
17	障がいを持つ若者や就業準備中の若者の仕事づくり	TEAM CHAKKA	廃食油、くん炭製造の際に出るくん炭の粉、不要になったろうそくから着火剤などの商品を生産・販売し、障害を持つ若者の就労を支援する。
18	安心して暮らせる拠点づくり	あいとうふくしモール	障害があっても、認知症があっても、どのような症状になっても安心して暮らせる拠点づくりに取り組むプロジェクト。知的障がい者の働く「ならではの働き実践施設」、要介護者とその家族の暮らしを支援する「地域で安心して暮らしていくための応援拠点施設」、安心安全な素材にこだわった「福祉支援型農家レストラン」がある。
19	エコツーリズム（都市農村交流（農家民泊、着地型観光など））	愛のまち星つむぎプロジェクト	山菜料理・古民家等の多様な地域資源を活かし、ボランティアを取り込んだグリーンツーリズムを推進する。道の駅や菜の花館などポイントにおける交流から、地域全体での交流へとステップアップを図っている。
20	生物多様性の保全活動や調査	NPO 法人　蒲生野考現倶楽部	「里山の知恵が地域を創る」をコンセプトに里山研究と感性を育む体験活動を展開。また豊かなフィールドを環境学習に生かし、地域の自然や文化を生かした「賑わい空間づくり」を進めている。
21	まちづくり協議会、自治会での環境活動	蒲生まちづくり協議会	地域課題の解決と地域の個性を生かしたまちづくりが目的。蒲生地区のまちづくり計画の策定、まちづくりにかかる事業の企画・立案、広報・啓発、事業の実施等。
22	生ごみの堆肥化（段ボールコンポスト）	南部まちづくり協議会	通気性のいいダンボールを使い、微生物の力で生ごみを分解する。酸素・水分・栄養のバランスが良質な堆肥を作ることができる。4 人家族ならダンボール 1 個で、生ごみ 60 ～ 70 キロの分解が可能。
23	生物多様性の保全活動や調査	NPO 法人　遊林会、河辺いきものの森	愛知川河辺林「河辺いきものの森」で里山の保全を目的に活動している市民団体。里山保全活動団体「遊林会」が市と協働して保全・活用を行っている。また、保全した里山を利用して、総合学習や環境学習の場として利用している。

源循環サイクルを地域のなかに形成し、その循環サイクルへの地域の人びとの参加を広げることで地域自律の循環型社会モデルをつくろうと試みている。そのほかにも、活動の規模はさまざまだが、東近江市内には、より良いまちづくりを目指して約八〇以上の取り組みが実施されている。

東近江市環境円卓会議では、これらの取り組みのうち、表2-5-1に示すような二三個の取り組みを、将来像の実現につながる（将来像で言及している）先進的な取り組みとして選定した。選定の基準は、活動の内容が地域資源の活用につながること、市民にとって分かりやすいこと、環境・経済・社会の多側面を持っていること、他の取り組みとのつながりが多いことなどである。

進捗管理のための評価軸と評価指標

これら二三個の取り組みを用いて、将来像の実現に向けた進捗管理をしていくためには、それらが現在どのような状態にあり、将来像の実現にどの程度貢献しているのか、今後さらにどれだけの活動量が必要なのか、などを定量的に評価するための評価軸と評価指標が必要である。

東近江市の場合、目指すべき将来社会の要件として、「人為的な影響によって起こりうる環境の悪化が一定の限度を超えないよう配慮しながら、地域から大都市へ人材・資金が流出する社会構造から地域の自給力と創富力を高める地域完結型の構造へ転換して、市民が豊かさを感じるような社会」を最終目標にして、将来の姿について議論を行ってきた。

そのため、将来像の達成状況を定量的に示すための評価軸として、環境、経済、社会を設定し、それぞれの評価指標として、脱温暖化指標（環境）、地域経済活性化指標（経済）、豊かさ指標（社会）を作成した。

進捗管理にあたっては、将来像が実現した状態でのこれら三つの値を目標値として、選定した二三個の取り組みの活動によって推計される値と比較することで、地域全体としてどれだけ将来像に近づいているかを判断する。

東近江市では、将来像を定量的に示すために、第三章で紹介したＥｘＳＳというツールを用いている。表２‐３‐２と表２‐３‐３で示したように、円卓会議で作成した将来像の記述をもとにツールのパラメータを設定[*3]し、結果として、二〇三〇年における東近江市の人口、世帯数、年齢構成、就業率、一日あたり生活時間、民間消費支出、投入係数、市外地域との経済関係（移輸入、移輸出）、財政指数、施策ごとの二酸化炭素排出削減効果など、多岐にわたる要素を定量的に推計することが可能である。

参加者らの将来に対する定性的な意見と、ＥｘＳＳによる定量的な裏づけを合わせたものが「二〇三〇年東近江市の将来像」であることは前述の通りである。これらの結果を用いて、将来像の達成状況を示す三つの評価指標を作成した。[*4]

「豊かさ指標」は、東近江市地域の豊かさを向上させるために必要な要素である地域内での活動を基本とした「人と人とのつながり」と「人と自然とのつながり」で構成されている。それぞれの評価項目と将来像における推計結果（これが二〇三〇年の目標値となる）を、表２‐５‐２に示す。

ＥｘＳＳでは、地域の社会経済について、産業連関分析を基本としたマクロ経済の将来動向と、それを支える地域住民の生活スタイルを、バランスのとれた形で同時に求めることが可能である。表２‐５‐２からは、人びとのライフスタイルの変革や地域産業の創生、地産地消の拡大、自然エネルギーの活用拡大など、基本的には社会の変革や構造自体の転換が必要であり、地域資源を活用しながら地域住民による地域内での活動を基本とした取り組みが、地域内での人と人、人と自然とのつながりを強める（それぞれの評価項目の値が増加＝豊かさの増加）方向へ働いていることが分かる。

「豊かさ」の全体像そのものを定量的な尺度で表現することは難しいが、地域の人びとの感じる豊かさの向上

表 2-5-2　豊かさ指標の評価項目と将来像における目標値の推計結果

指標	サブ指標	評価項目	将来推計（目標値）の結果 （2000 年→ 2030 年） 【主な要因】
豊かさ	人と人とのつながり	仕事以外の暮らしで家族や地域の人と一緒にいる時間の増分（生活時間換算：生活時間のなかでも特に家庭生活に関するもの（「身の回りの用事」「食事」「家事」「介護・看護」「育児」「テレビ・ラジオ・新聞・雑誌」「休養・くつろぎ」「趣味・娯楽」「スポーツ」「ボランティア活動・社会参加活動」「交際・つきあい」の合計）について、誰と一緒に過ごしている時間か、との観点から集計したもの）	44％増加 （270,680 千時間→ 388,854 千時間） 【近所づきあいの活発化や三世代同居、家族団らんの生活を取り戻すなどのライフスタイルの変化など】
		市内で創出される仕事のうち、市内在住の就業者によってまかなわれる時間の増分（労働時間換算）	11％増加（73,155 千時間→ 81,515 千時間） 【農林水産業を基軸とする第六次産業の創出、コミュニティ内部での相互扶助による教育や福祉から生まれる仕事の創出、地域産業の創生など】
	人と自然とのつながり	自然にかかわる仕事としての、農林水産業ならびに観光業に関する仕事時間の増分（労働時間換算、自給目的での農作物の生産や第六次産業の一環としての農業にかかわる時間も含める）	77％増加（7,091 千時間→ 12,572 千時間） 【直接的に地域の自然にかかわる仕事として、農林水産業にかかわる総労働時間（自給目的の農作物の生産や第六次産業にかかわる時間も含む）と、対個人サービス産業の域外移輸出額（これを域外からの観光客向けの産業活動と見なす）に相当する労働時間が増加】
		農林水産部門の最終需要のうち地域内での自給分と、その他の地域内需要から誘発される農林水産部門の生産分の増分（生産額換算、自給目的での生産分も金額におきかえて換算）	114 倍増加（61 百万円→ 7,032 百万円） 【暮らしのなかで、地域の自然から採れる農林水産物の地産地消が増加（自給目的での生産分も金額におきかえて換算）など】
		家庭業務産業部門での自然エネルギー消費量の増分（エネルギー換算）	13 倍に増加（1.65ktoe → 21.04ktoe） 【地域の自然資源の利用の観点から、太陽光・熱、風力、バイオマスの使用量拡大など】

につながるであろう要素（二種類のつながり）がいかに変化したかを追うことで、作成した将来像が、どれだけ参加者らの考える豊かさを反映したものであるかを確認することができる。

「地域経済活性化指標」には、「市内の全産業の中間投入額のうち他地域からの移輸入および他地域への移輸出額を除いた額（いわゆる地域内自給額）」を用いた。表2‐5‐2に示した豊かさの評価項目の推計結果の増分、いいかえれば、「つながりの強まり」すなわち「豊かさの増加」による指標の変化を計算すると、二〇〇〇年の実績値が三五四八億九三〇〇万円だったのに対し、二〇三〇年には約二〇％増加し（四二七三億五五〇〇万円）、地域内での経済循環も拡大されると推計された。

「脱温暖化指標」には、「二酸化炭素排出量」を用いた。これについては、すでに世界では低炭素から脱炭素という究極の目標が提唱され、わが国でも定量的な目標を設定している。県レベルでどの程度の値が適切かは難しい議論となるが、滋賀県ではすでに、二〇三〇年に県内からの二酸化炭素排出量を一九九〇年比でおよそ半減することを謳っているので、東近江市でもそれに準じることとした。

第三章の表2‐3‐6には、脱温暖化指標として用いた二酸化炭素排出削減量の推計結果を、表2‐3‐9にはその削減要因分析の結果をそれぞれ示した。二〇〇〇年比で合計五五％の排出量削減のうち、ひがしおうみ環境円卓会議のなかで描かれた地域社会の構造変化、すなわち地域社会で生まれる「二種類のつながり」に由来する削減分は二二％に相当し、地域資源を活かした地域の取り組みを重視した社会への構造転換が、脱温暖化の観点から見ても大きな効果を持つことが示唆された。

地域の人による、地域のなかでの活動を基本としたつながりを強める施策は、地域経済の活性化と脱温暖化とも両立しうることから、東近江市としては優先して推進すべき施策と考えられた。その際、地域社会の豊かさをより高めるためには、という要素を中心に置き、これと関連し合う「地域経済活性化と脱温暖化効果」の定量的な推計値をも示しながら、市民との合意形成を図ることで、より効果的な議論の進展とその後の事業の推進につながったと考えられる。

将来像の実現につながる先進的な取り組みの将来像実現への貢献度評価

以上のことをふまえ、将来像の実現につながると選定した二三個の取り組みの現況を、前述した三つの評価指標（豊かさ指標、地域経済活性化指標、脱温暖化指標）で評価するための調査を行った。

二三の取り組みごとに、活動量、原材料の使用量、再生可能エネルギー生産量、関係者数、関係者の従事時間、参加者数、参加時間、財やサービスの投入産出量等をヒアリング調査し、活動に伴うエネルギー消費量から二酸化炭素排出削減量を、財・サービスの投入産出量から地域内循環額（取り組みへの投入額のうち地域内で調達される額と、産出される財・サービスが地域内で購入されることによる資金流出回避額の和）を推計した。

さらに、関係者がその取り組みに従事する時間と、その取り組みの受益者の「時間の量」の総計から、人と人、人と自然とのつながりの度合いを推計した。生活時間や労働時間は、将来像作成ツール（ＥｘＳＳ）にも組み込まれている変数であり、地域経済活性化指標と脱温暖化指標との関係をも定量的に把握できる。その一連の流れを図２‐５‐３に示す。

東近江市環境円卓会議では、二三個の取り組みの現況調査より推計したこれら三つの指標の値を、二〇三〇年将来像における目標値と比較する（図２‐５‐４）ことで、目標の達成状況（各取り組みの目標への貢献度）を評価する。また、貢献度評価のほかに、取り組み同士の物的・人的関係性のネットワーク分析、空間的な広がりの地図化をも行う。

これらの定量的な分析結果を用いて現状を把握し、課題を抽出・共有するとともに、既存取り組みのさらなる

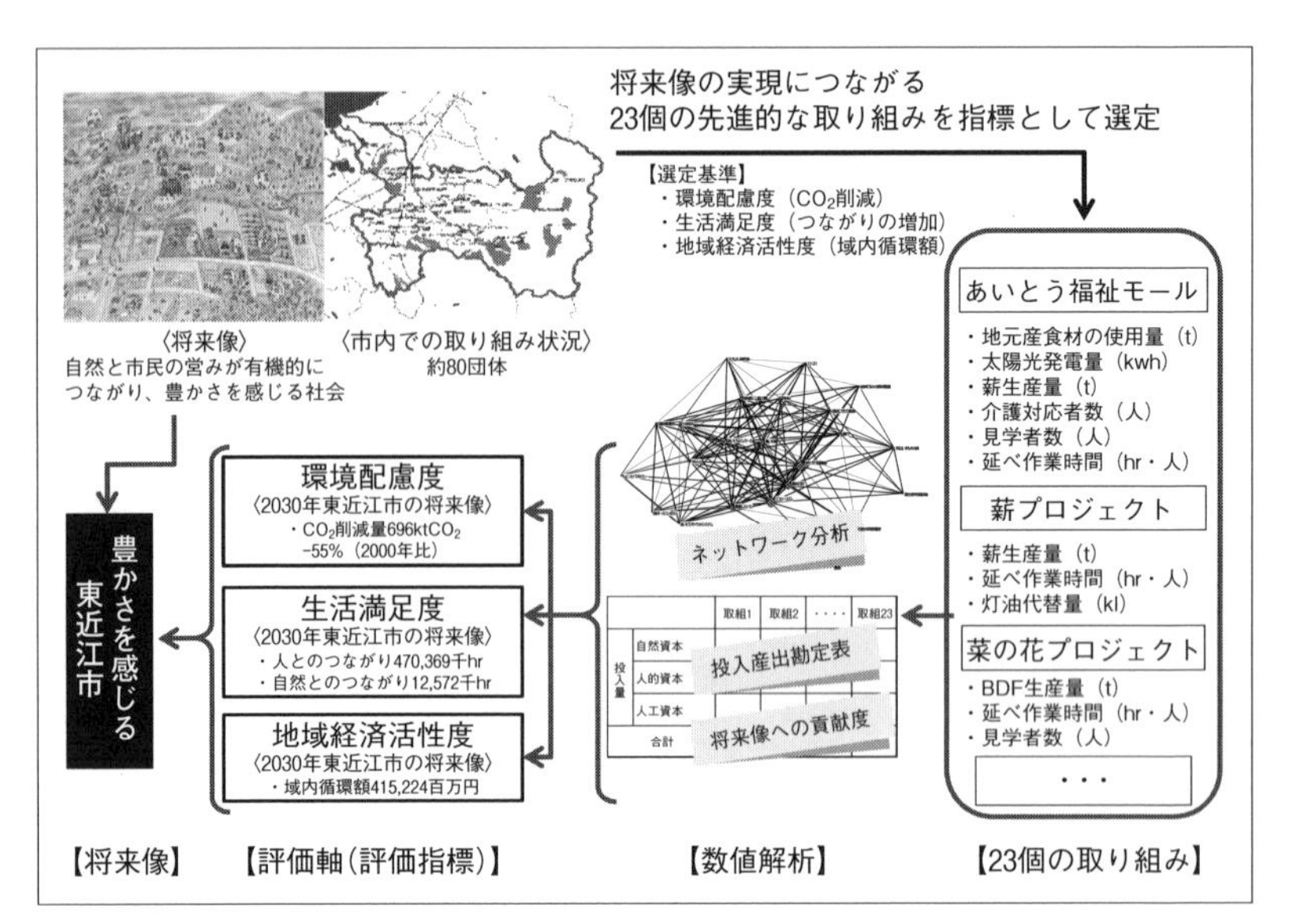

図 2-5-3　23 個の取り組みの定量評価の流れ

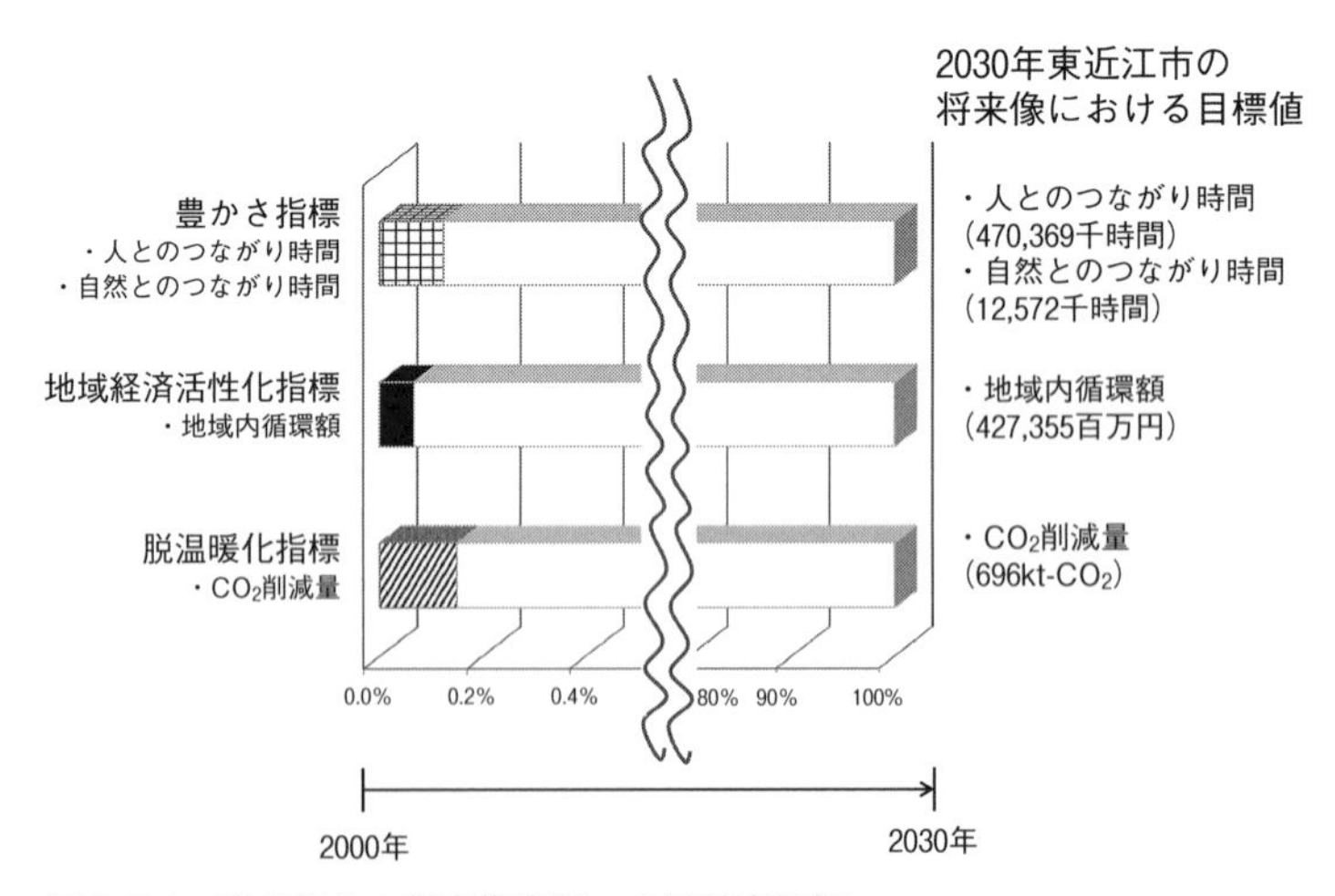

図 2-5-4　取り組みの将来像実現への貢献度評価

普及策や、誰が、どこで、どのような取り組みが新たにできるかなどを議論し、将来像への進捗管理を行うことになっている。

第二次東近江市環境基本計画で掲げる「市民が豊かさを感じるような社会」を実現するためにも、市民参加の下、地域の解決すべき課題は何か、地域社会全体としてどこを目指すのか、その将来像を明確に共有した上で、今できる行動や取り組みを考え、実践に移していくことが必要である。市民自らが主体となって、かつ地域内で実際に行っている取り組みのデータを、将来像実現に向けた進捗管理に利用することで、将来像の具体的な姿がイメージでき、既存取り組みへの参加が増えることを期待している。

3　一般財団法人「東近江三方よし基金」の創設

東近江市の将来像では、市民自らが主体となり、地域資源の活用のためのさまざまな取り組みを推進するとしている。しかし、人口減少や高齢化による税収減の状況下では、行政の財源やボランティアだけでは限界があり、取り組みを継続していく仕組みをつくるにはビジネス手法が必要になる。

二〇一六年、地域資源を有効活用した地域活性化を推進するた

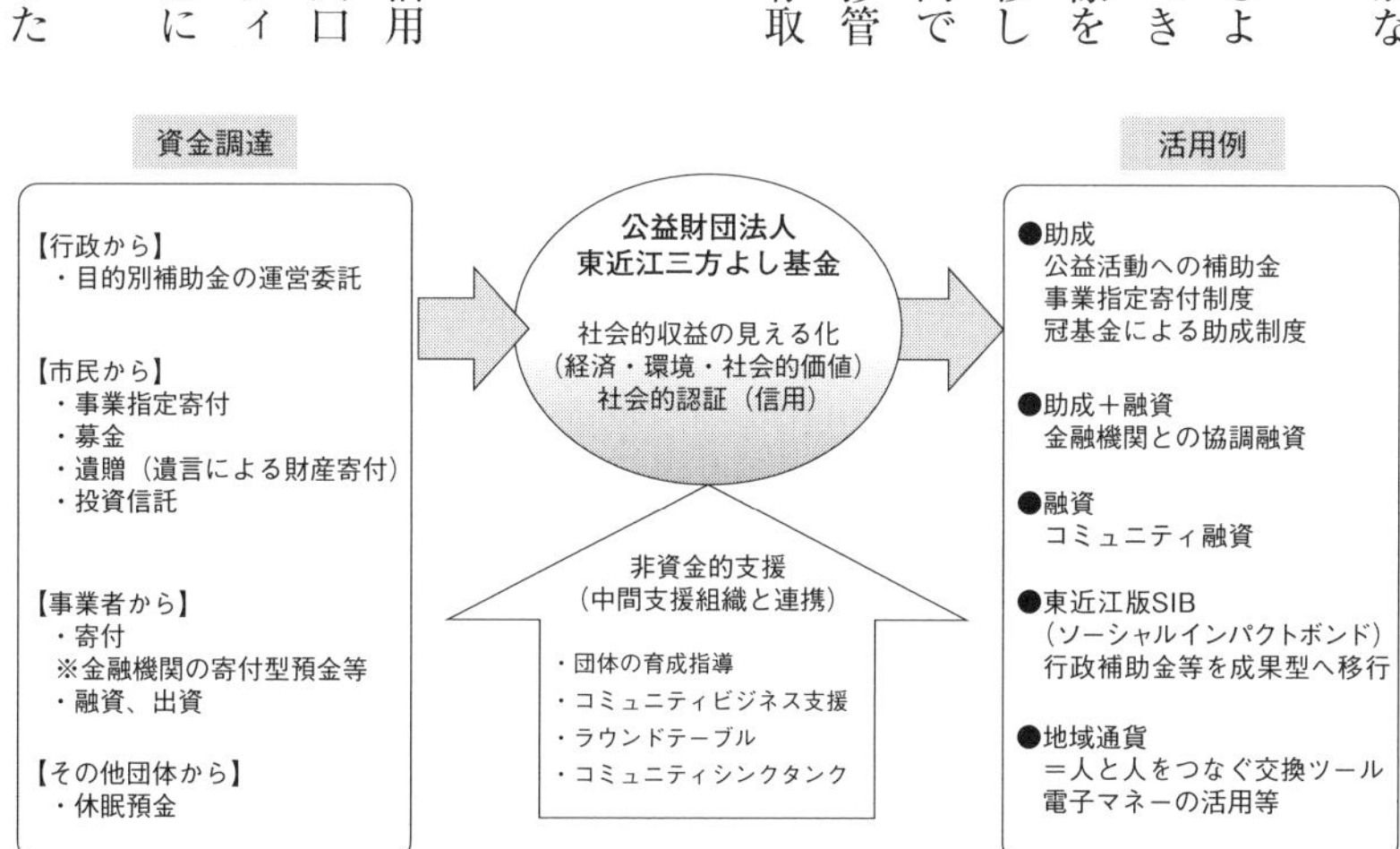

図 2-5-5　一般財団法人「東近江三方よし基金」の仕組み

め、地元の金融機関やNPO、市民、行政などが参加し、寄付金、休眠預金、遺贈などの「志のあるお金」を用いて、里山の保全、次世代を育てる活動、世代を超えた交流の場づくり、若者の仕事づくりなど、社会的に意義のある活動に対して資金調達の支援を行う「一般財団法人東近江三方よし基金」[*5]を設立するための準備会が発足した。基金の仕組みを図2-5-5に示す。

現在、財団の基本財産となる寄付金の募集に対して七七二人から寄付があり、産官学が連携した基金として、二〇一七年四月から運用を開始している。将来像の実現に向けた事業を応援してくれる人を増やすことが重要であり、市民に出資や寄付してもらうことで、活動に関心を持ち、実質的にかかわる人を増やし、市民との協働のまちづくりを推進することなど、この基金は募金目的というより、多くの社会的な効果を期待して行われている。今後、基金運用の面での継続性の担保や、支援を行う事業の選定、成果の設定や評価の方法など、検討する課題が多いが、東近江市においては、「東近江市環境円卓会議」という市民協働の場を活用して今後も議論が進められる予定である。

注

＊1　東近江市「二〇三〇年東近江市の将来像」（パンフレット）、二〇一一年（http://www.pref.shiga.lg.jp/d/biwako-kankyo/lberi/03yomu/03-01kankoubutsu/files/higashioumi_japan.pdf）（二〇一七年二月一四日閲覧）。

＊2　東近江市「第二次東近江市環境基本計画」（https://www.city.higashiomi.shiga.jp/0000007845.html）（二〇一七年一二月一四日閲覧）。

＊3　内藤正明「滋賀をモデルとする自然共生社会の将来像とその実現手法」『（独）科学技術振興機構社会技術研究開発センター研究開発領域「地域に根ざした脱温暖化・環境共生社会」研究開発プロジェクト研究開発実施終了報告書』（http://ristex.jp/examin/env/program/pdf/20121004_07.pdf）、五〇—五五、八九頁（二〇一六年一〇月五日閲覧）。

＊4　金再奎・岩川貴志・内藤正明「市民意識の定量化に基づく持続可能社会の将来像の描出とその実現ロードマップ――地域情報システムの活用による新たな指標づくり」『環境科学会誌』二八、五〇―六二頁、二〇一五年。

＊5　東近江市市民環境部森と水政策課「一般財団法人東近江三方よし基金」の設立趣旨より抜粋。

追記

第Ⅱ部で述べた「ひがしおうみ環境円卓会議」による持続可能な地域社会の実現シナリオづくりは、科学技術振興機構戦略的創造研究推進事業（社会技術研究開発）における「地域に根ざした脱温暖化・環境共生社会」研究開発領域「滋賀をモデルとする自然共生社会の将来像とその実現手法」研究開発プロジェクト（平成二〇～二三年度）による研究成果の一部である。

また第Ⅱ部で掲載した図表・写真のうち出所明示のない以下のものはすべて滋賀県琵琶湖環境科学研究センターによる。

写真2-1-3（七五頁）、図2-1-1（七七頁）、表2-1-1（七七頁）、写真2-2-1（八三頁）、写真2-2-2（八五頁）、写真2-2-3（八七頁）、表2-2-1（九四頁）、表2-3-1（九七頁）、図2-3-2（一〇〇頁）、図2-3-3（一〇一頁）、図2-3-4（一一〇頁）、表2-3-2（一一〇頁）、表2-3-3（一一二頁）、表2-3-4（一一三頁）、表2-3-5（一一三頁）、図2-3-5（一一四頁）、表2-3-6（一一四頁）、図2-3-6（一一七頁）、表2-3-7（一一八頁）、表2-3-8（一一九頁）、表2-3-9（一一九頁）、表2-4-1（一二二頁）、表2-4-2（一二三頁）、図2-4-1（一二五頁）、写真2-4-1（一二七頁）、図2-4-2（一二八頁）、図2-4-3（一二八頁）、表2-5-1（一三七～一三八頁）、表2-5-2（一四一頁）、図2-5-3（一四四頁）、図2-5-4（一四四頁）、図2-5-5（一四五頁）。

第Ⅲ部　原発事故による放射性物質拡散予測への挑戦

嘉田由紀子
山中　直
佐藤祐一
内藤正明

第1章　なぜ「卒原発」を滋賀県から提唱したのか

「被害地元」知事の責任と苦悩

1　「被害地元」の提唱

福島第一原子力発電所の事故から丸七年がたとうとしている。多くの日本人にとって福島の事故は決して他人事ではない。まして若狭湾岸に近接する滋賀県民の危機感は強い。

筆者（嘉田）は、二〇一一年三月一一日の事故を受けて、その直後に滋賀県の知事として対応の方針をたてた。滋賀県は、若狭湾岸の原発集中立地地域から、最短距離で一三キロという位置に隣接しているからだ。速やかに原発政策から卒業して汚染リスクの最小化を図りたいという思いから「卒原発」を提唱した。住民の命と暮らし、財産を守るべき自治体の責任者として、できるかぎりの安全・安心確保の政策を進めたかったのだ。[*1]

福島なみの事故が万一若狭湾岸の原発で起きたら、現在の地形や気象条件を前提にした場合、放射性物質による汚染がどのように広がる恐れがあるのか、拡散予測シミュレーションを科学的に行い、滋賀県として独自の「見える化」も図ってきた（後述）。

その結果、滋賀県域は被害を直接に受ける恐れが強いことが分かった。その意味で「地元」であることに気づき、原発施設が立地している地域だけが地元ではない、滋賀県や琵琶湖はまさに「被害地元」であるという概念を提示した。この概念は、環境社会学会の研究仲間の理論を援用したものである。そして汚染予測に基づいてモニタリング基地の設置や、住民の避難計画の作成をし、実際に数々の訓練なども行ってきた。具体的に避難訓練を行えば行うほど、その実効性の担保が難しいことも判明してきた。

何よりも近畿一四五〇万人の命の水源である琵琶湖を預かり守るべき知事当事者だからこそ見えてきた根源的な困難そして苦悩は何だったか？　それは「琵琶湖には足がなく、琵琶湖自体は放射能汚染から避難できない」という隣接地域としては当たり前の結論だった。

本章では、滋賀県知事として原発に向きあった三年間の経験と局面ごとに直面した責任と苦悩を振り返りたい。

2　琵琶湖の多面的価値と若狭原発地帯との近接性

琵琶湖の最大の機能は関西圏にとっての利水・治水である。図3-1-1には、琵琶湖水を飲用水として活用している範囲と原発位置の関係を示してある。大阪府下では最南端の岬町まで、兵庫県では神戸市垂水区や北区まで琵琶湖水が届けられている。

大阪府下で八八二万人、兵庫県下で二七六万人、京都府下で一八一万人、滋賀県下で一一五万人、合計一四五四万人が飲料水として琵琶湖水を利用している。琵琶湖は大雪地帯を北部に抱え、水源としての供給水量が季節的に安定している。水道が断水になるほどの渇水は、明治二八年（一八九五）に大阪市に近代水道ができて以来、一度もない。日本で最大の水源であるだけでなく、単一水源として見ると世界的にも最大といえる。たとえばヨーロッパのコンスタンツ（ボーデン）湖やレマン湖などの水道供給人口はそれぞれ約七〇〇万人である。

比較すると、琵琶湖がいかに大きいか、よく分かる。

また意外と知られていないのが、琵琶湖の洪水防止機能だ。日本最大のダムである岐阜県の徳山ダムの全容量をすべて治水に使ったとしても、琵琶湖で見ると一メートルの水位しかない。下流の宇治川や淀川の洪水を防ぎ、京都・大阪を守るために、琵琶湖出口の瀬田川洗堰をすべて閉めて、下流に水を流さない「全閉操作」が、二〇一三年九月の台風一八号のときになされた。一二時間の全閉で宇治川や淀川の洪水を緩和し、下流の命と財産へのリスクを低減させた。琵琶湖周辺では一部、農地が水につかるという被害があったが、そのような被害を受けてでも下流のために上流の琵琶湖で水を抱えるという下流防護の機能を琵琶湖は果たしてきた。

一方、四〇〇万年の歴史を持つ古代湖である琵琶湖は、生物進化の展覧会場といわれるほど魚介類の固有種が豊富で、生態系の価値が高い。その上、縄文・弥生の時代から、湖や周辺の森林が供給する食物と淡水の水をあてにして多くの集落が立地した。人びとの暮らしの痕跡を残す貴重な文化的遺産も多い。たとえば固有種を活かした食文化がある。特にフナズシは、琵琶湖固有種のニゴロブナを乳酸発酵させた「スシの元祖」である。あわせて、近江八景や琵琶湖八景がある。琵琶湖は観光レジャーや学術研究の場でもある。二〇一五年四月には「琵琶湖とその水辺景観——祈りと暮らしの水遺産」として、琵琶湖の文化的景観が日本遺産に認定された。

これほどの多様な価値を持つ琵琶湖が万一放射性

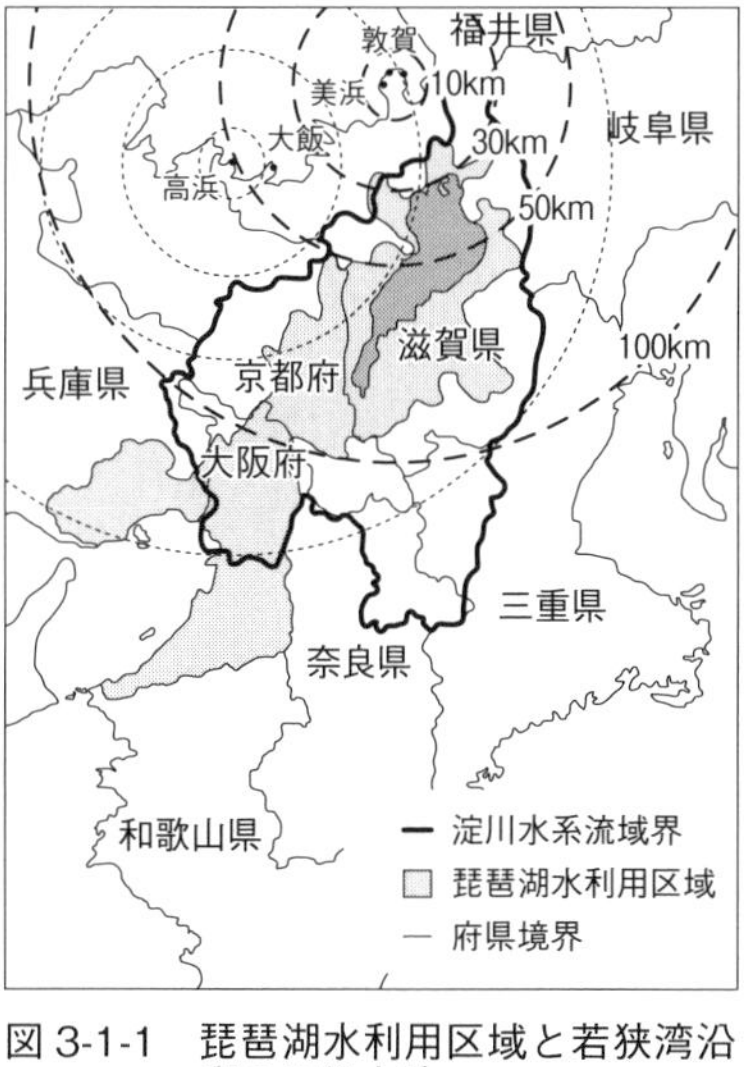

図 3-1-1　琵琶湖水利用区域と若狭湾沿岸の原発立地

出所）嘉田由紀子『知事は何ができるのか——「日本病」の治療は地域から』風媒社、2012 年、309 頁。

物質で汚染されたらどうなるか。水道水源として利用できないだけでなく、生態系の破壊や魚介類の汚染、森林や水辺風景と文化の破壊をもたらし、まさに「琵琶湖まるごと破壊」につながりかねない。

私は、滋賀県の知事をしながら、いつも忸怩たる思いでいた。地理的に近接しているのに行政境界により原発への対策がなかなかとれなかった。振り返ってみれば、今でこそ若狭地域は福井県だが、明治九年（一八七六）から明治一四年（一八八二）までの間は滋賀県に含まれていた。この境界が今も維持されていたら、どうだったろうと想像する。もどかしいのは県境だけではない。地理的に見ると、高浜原発や大飯原発からは、福井県庁より滋賀県庁の方が近い。そこで、福井県が「立地地元」なら、近接する滋賀県や琵琶湖は「被害地元」であると訴えることにした。「被害地元」という概念を想起した背景には、環境社会学会で提起されてきた環境問題の「受益圏」と「受苦圏」という考え方がある。[*2] 後で見るように、福井県で福島なみの事故が起きると、滋賀では人びとが住めないほどの被害が起きるというシミュレーション結果も出た。その被害は水源汚染を介して琵琶湖水利用地域である関西全体に広がる恐れがあり、一四五四万人全体が「拡大被害地元」といえる地理的構図にある。その範囲は、後ほど紹介する「関西広域連合」と重なる地理的領域である。こうして、水やエネルギーの問題を関西圏全体で考える際に、二〇一〇年一二月一日に発足していた関西広域連合が大きな役割を果たすことになった。

3 関西広域連合の「カウンターパート支援」と全国知事会での「卒原発」の提案

二〇一一年三月一一日以降、関西の知事としてどういう動きをしたか、紹介したい。事故直後の三月一三日には関西広域連合長の井戸敏三兵庫県知事の呼びかけで、当時の橋下徹大阪府知事と山田啓二京都府知事、そして滋賀県から私が集まった。阪神・淡路大震災の経過をよく知る井戸知事が、「津波と地震、原発災害の被害はかなり大きそうだ。被害の厳しいところはSOSを出す余裕もないだろう。被災地からの支援要請が出される前にこちらから『押し掛け支援』をしよう」と提案があった。そして、それぞれの府県が相手を決めて継続支援をする「カウンターパート支援」の仕組みを決めた。滋賀県として、私は真っ先に福島県の支援に手を挙げた。福島県が直面していた原発の問題は、若狭に隣接している滋賀県としては切実だからだ。それに、四〇〇年以上も前に蒲生氏郷という滋賀県出身の名君が会津若松の町をつくったという歴史的かかわりもある。京都市と協働しての福島支援を決めた。

そして事故直後の四月には、私自身、山田京都府知事とともに、福島第一原発周辺の津波・地震・原発の複合被災地を訪問した。この世のものと思えない津波被害を受けた町や村では、桜だけが美しく咲いていた。原発周辺地域には近づくこともできず、問題の深刻さを肌で感じた。その後も継続的に知事として福島訪問をしてきた。あわせて土木や環境などの技術者を中心に県職員を派遣し、二〇一七年の今も十名が駐在支援をしている。また一時は、福島から五〇〇名を越える避難者たちを受け入れ、住宅や雇用・教育などの面で支援してきた。

このカウンターパート支援は、私たちにとっては学びの場でもあった。そして、滋賀県が原子力災害対策について本当に手薄だということが分かってきた。「地域防災計画」に「原子力災害編」とあるが、事故は起きないものと想定されていたので、作文だけの形式的計画だった。この計画をできるだけ実のあるものにするために、まずは原発事故が起きたときの汚染予測をしようと、次節で詳しく紹介する県独自のシミュレーションを行った。

同時に福島において深刻な状況を見て、私は、できるだけ早く原発から卒業する「卒原発」という考えを提案した。この言葉はもともと二〇一一年六月一七日の講演で元滋賀県知事の武村正義さんが出したものだが、滋賀県の方針として採用させていただいた。決断に至った理由は以下の四点だ。

一つは、福島の被害を間近で見て、放射能汚染は自然だけでなく家族や地域など社会関係も破壊することが分かったからだ。まさに深刻な生活破壊であり、これはできるだけ早くやめるべきだ。二つめは、もともと地震多発地帯の日本列島が地震頻発時代に入っているという、地震学者の指摘が当たってしまったからだ。一九九〇年代から神戸大学の石橋克彦さんが訴えていたのだが[*3]、彼のいう通り「原発震災」が起きてしまった。三つめは、石油もウランも枯渇性資源だからだ。いまや再生可能な自然エネルギーへ舵を切るときであり、技術的、経済的に先手を打つべきだ。枯渇性資源である石油からもウランからも卒業しようということである。四つめは、廃棄物の問題が未解決だからだ。これ以上、使用済み核燃料を蓄積して次世代につけ回しをするべきではない。

二〇一一年七月、全国知事会で「卒原発」を訴えた。このとき多くの知事に呼びかけたが、最終的に同意したのは山形県の吉村美栄子知事だけで、女性知事二人の訴えとなった。じつは、全国知事会では、それまで原発問題については、賛成であれ反対であれ、本会議で表向きに議論したことがなかったという。いかに知事たちが原発問題から逃げていたかが分かる。

4　放射性物質の拡散リスクの見える化とデータの共有戦略

さて、「地域防災計画」の中身を具体的にどうつくりあげていくか。そのときに直面したのは、形式的にコンパスで円を描き、事故時の放射性物質の濃度を無視して避難計画をつくることの非合理性だ。長年、琵琶湖の漁師から気象などについて聞き取りをしてきた経験から、琵琶湖では、秋・冬・春の三つの季節に「マニシ」「ニシビアラシ」「マキタ」などと名前がついた「卓越風」があることは知っていた。いずれも日本海・若狭地域から琵琶湖に吹いてくる風だ。[*4]

このような気象条件や地形条件を加味して、万一の事故時に放射性物質がどのように拡散してくるのか、その予測シミュレーションを行い、避難計画に役立てたいと考えた。あわせて、リスクの「見える化」を行うことで、原発問題への社会的意識を深めたいと考えた。特に京都や大阪や兵庫など、琵琶湖水を飲用水として使っている地域住民に分かりやすい被害の見える化を行い、若狭湾岸の原発事故が決して遠い話ではなく、自分たちにも直接かかわる切実な問題だということを訴えたいと考えた。

そこで、まずは文部科学省の外郭団体がつくっている緊急時迅速放射能影響予測ネットワークシステム、ＳＰＥＥＤＩ（System for Prediction of Envirommental Emergency Dose Information）のデータ提供を国に求めた。ところが国は、原発の立地府県以外には提供はできないと返事してきた。

そこで次善の策として、滋賀県独自のシミュレーションを行うことにした。しかし、県の防災危機管理局には放射性物質の拡散シミュレーションの経験がない。当然のことだ。一方、環境部局も、これまで放射性物質を扱った経験がなく、難しいという。これも無理のない判断だ。というのも日本の環境政策では公共空間の放射性物質は扱わない法的仕組みになっていたからだ。原発の敷地外に放射性物質は出ないという大前提があったのだ。放射性物質を扱えるのは、経済産業省関係と文部科学省だけで、環境省は排除されてきたのだ。

それゆえ滋賀県の環境部局も躊躇していた。そこへ、県の琵琶湖環境科学研究センターの内藤正明センター長が、「知事がどうしてもというなら挑戦してみましょう」と、大気汚染モデルを援用して、放射性物質の拡散シミュレーションを独自に行い、結果を出してくれた。自治体が放射性物質拡散シミュレーションを独自で行ったのは全国で初めてだった。私はもともと社会科学畑だが、琵琶湖研究所の研究員時代から、琵琶湖の水質モデルなどの行政への活用を行ってきた。模擬実験の意義も限界も知っていた。担当者はかなり躊躇していたが、「記者説明でも地元説明でも、最終的には知事が責任を持つ。担当者に責任を押しつけないから頼む」とお願いをした。

そして担当してくれた大気汚染専門の職員が、それまで扱ったことのなかった放射線物質の特性を考慮したシミュレーションを行い、結果を出してくれた。

これは、滋賀県が琵琶湖の環境研究のための独自の研究機関を持っていたからこそ得られた成果ともいえよう。一九八〇年代、武村知事の時代に研究機関を発足させ、育ててきたからだ。シミュレーションの結果は、図3-1-2に示した通りである。

しかし、次の問題が出てきた。シミュレーション自体は二〇一一年九月にできあがっていたが、公表に時間がかかったのだ。県の仕事は、事前に市町村の責任者と、特に重要事項は市町長と調整するのが慣例であった。このとき一部の市長たちが、「こんな結果を出したら人心を混乱に陥れる」「対策のとれないリスク情報を公表すべきでない」という意見を出してきたのだった。

確かにリスク情報は社会的混乱をもたらすかもしれない。しかし、リスクを知らさずに被害を拡大させてしまったのが、まさに福島の事故だったのではないか。対策のとれないリスクは公表するなという主張もあったが、これが県民に配慮した行政マンの思考といえるだろうか。現に対策のとれないところで原発事故の被害が起きてしまったのだ。リスクを表に出すなという首長の主張は、いわゆる古典的「温情主義」で「住民には知らしむべからず、

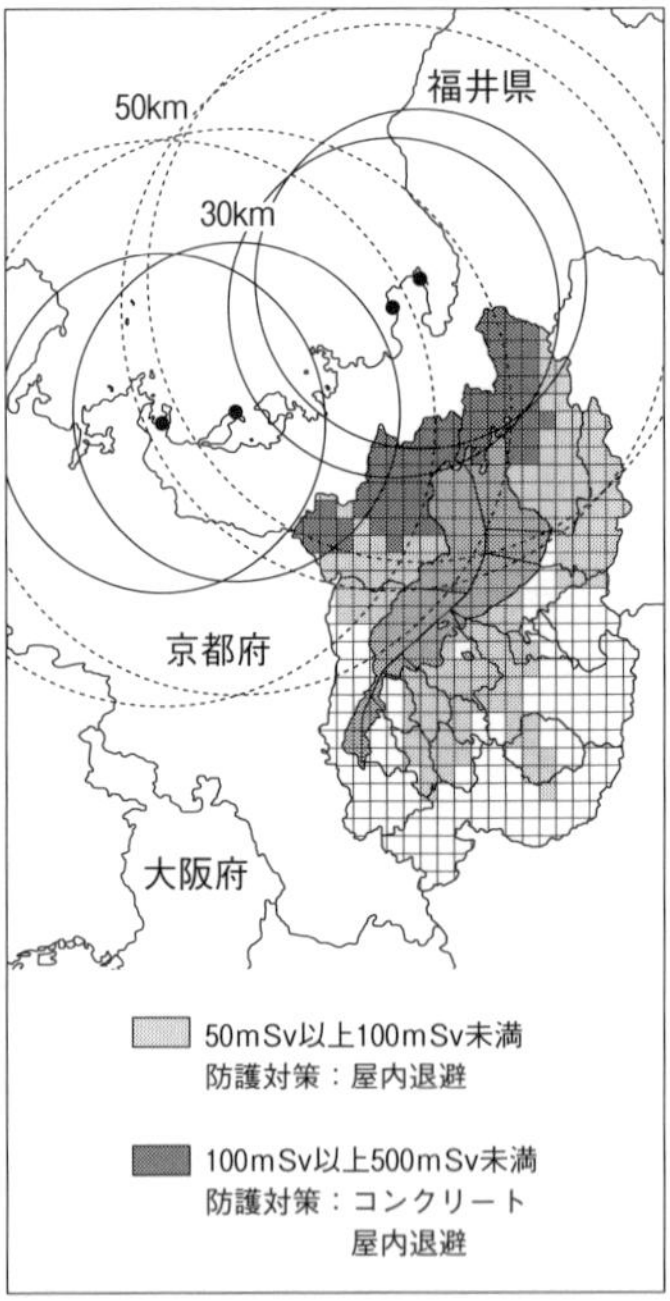

図 3-1-2 滋賀県独自で行った放射性物質拡散シミュレーションの結果

注）滋賀県内のみ図示。
出所）滋賀県防災危機管理局。

寄らしむべし」という思想に通じる「おまかせ民主主義」ではないだろうか。私は、リスクも住民と共有して、共に対策をする「参加型民主主義」をモットーとしてきた。このような根強い「温情主義」が、行政や官僚機構の不作為、リスク不公表の態度を醸成してきたのではないか。防災危機管理局の担当者と協力して各市町長を説得し、ようやくこのシミュレーション結果を公表することができたのは、二〇一一年一一月二五日だった。

　福井県や京都府からは「公開してくれるな」ということだったので、滋賀県内の結果だけを公表した。それが図３‐１‐２である。シミュレーションの基本的条件として、一年を六つの季節に分け、それぞれアメダスの気象データをもとに、滋賀県への影響が最も大きい二〇気象ケースを選んだ。そしてシミュレーションの結果、最大の拡散リスクを示したケースだ。事故の規模は福島の事故を想定した。

　この図から分かることは、被害は決してコンパスで円を描いたような均一にはならないということだ。このうち一〇〇ミリシーベルト以上の汚染予測地域を「滋賀県版のＵＰＺ（緊急時防護準備区域）」として「地域防災計画」において指定した。国が定める三〇キロ圏にとどまらず、四二キロまで及び、高島市と長浜市の一九六集落を含むこととなった。後に紹介する「多重防護」の避難体制をつくる際に、この地域を基本的な地域圏とした。

　次に行ったのが、大気汚染の拡散シミュレーションをもとにした琵琶湖水質への影響シミュレーションだ。第二章の図３‐２‐１に示した通りである。これは放射性ヨウ素の例である。放射性ヨウ素の濃度は、最初の一週間ほどは琵琶湖北湖から南湖までの範囲で六〇ベクレル／Ｌを超えており、このままでは水道水としての供給はきわめて困難だ。八日目から九日目くらいで濃度はいっせいに下がり、二〇日目くらいで放射性ヨウ素の濃度は二〇ベクレル／Ｌ以下となる。ここまで下がれば水道水としてなら影響は小さいといえよう。水道施設担当者のなかには、そもそも浄水場の浄化技術能力を勘案したら、放射性ヨウ素がたとえ一〇〇ベクレル／Ｌあっても水道水の供給はできる、という意見もある。しかし、放射性物質の人体への長期的影響は疫学的に定説がない。特に子どもたちへの影響に不安を持つ人は多い。福島の事故の直後、二〇一一年三月中旬に、東京の金町浄水場で放射性ヨウ素が水道基準を超えて検出された。東京ではまさにパニックのようにペットボトルが店から消え、当時の石原慎太郎東京都知事が、子どもがいる家庭にボトル水を配らせたほどだ。

また、大気や水質への影響とあわせて考えるべきは、生態系への影響だ。水から植物プランクトン、動物プランクトン、魚類と、食物連鎖に沿った生物濃縮のプロセスはきわめて複雑である。福島でも、放射性物質の生物濃縮の仕組みについて研究が行われているが、結果はまだ出ていない。チェルノブイリ事故のデータは一部あるが、滋賀県では現在、この生態系への影響を琵琶湖環境科学研究センターで進めており、今後の課題でもある。

さて、このようにして、放射性物質の大気や水質への影響を評価し、滋賀県としてモニタリングポストなども設置し、地域防災計画の実質的な中身を検討してきた。

しかし、このときに国からはほとんど何の支援もなかった。モニタリングポストの設置費用や、原子力防災のための専門家を雇用する費用、シミュレーション費用は、基本的に県民税で負担をしてきた。山一つ越えた福井県側は、国の費用で防護体制を行い、また地域振興の補助金なども入っている。原子力政策に国が責任を持つというならば、防災計画づくりの予算も、避難体制も、そしてリスク共有の体制も、すべてを自治体まかせにすべきではない。現実には、口さきで国が責任を持つといっても、実効性ある避難体制をつくることのできる専門家は国にはいない。自治体が責任を持つしかない。

滋賀県ではこのように三・一一事故直後の一年間で放射性物質の拡散シミュレーションを行い、防災計画などの整備を進めてきた。

5　大飯原発三・四号機の再稼働と京都府・関西広域連合との連携

そこへ二〇一二年春、民主党政権下で、大飯原発三・四号機の再稼働問題が提起された。野田佳彦総理大臣の時だ。三月一六日には藤村修官房長官が、地元同意に際して「地元同意に滋賀は含まず」と発言した。これに滋賀県民は大いに怒り、「被害地元」という現実を県を挙げて発信した。また滋賀県だけでは発言力は弱いと考え、状況が近い京都府の山田府知事と「被害地元連携」をつくった。四月一二日には大飯原発をいっしょに見学して社会的発信をした（写真3-1-1）。つまり「社会問題化（ソーシャルイシュー化）」だ。二人の知事が連携して動いたら、それだけマスコミや世間に関心を持ってもらえる。二〇一二年四月一七日には、山田京都府知事と「国民的理解のための原発政策への提言（七項目の共同宣言）」をつくり、六月六日にびわ湖ホールで琵琶湖をバックに発表した。琵琶湖の存在をアピールしたかったからだ。

宣言文は二人の知事で直接やりとりしてつくった。前例のない政治がらみの仕事を担当者に任せるのは酷でもあり、トップが直接調整するしかない。山田京都府知事と真夜中まで直接メールでやりとと

写真3-1-1　大飯原発を視察する山田京都府知事と嘉田（滋賀県提供）

りしながら七項目をまとめた。その後、原子力規制委員会が法制化されて、この七項目のうち一部が実現された。しかし、七年以上たった今でもこの七項目は有効だ。というのも、残念ながら国の原発政策と体制は、安倍政権になって逆戻りしたからだ。ここで、あえて紹介したい。

①原子力規制機関の中立性の確保
②情報の透明性の確保、情報公開
③福島原発事故をふまえた安全性の実現
④原発再稼働の緊急性の証明
⑤原子力政策の中長期的な見通しの提示
⑥事故の場合の対応の確立
⑦福島原発事故被害者の徹底救済と福井県に対する配慮

私自身は、関西の暮らしや経済の根幹となる水供給をしている滋賀県知事として、問題の広域化を訴えるべく、その後も各所で発信してきた。たとえば関西広域連合が関西電力幹部など関西経済界のトップと意見交換を行う場面で、「電源のかわりはあるけれど、琵琶湖のかわりはない」と覚悟の発言を行った。その場で賛同する人は誰もいなかった。しかし、会合が終わってから廊下で賛意を示してくれた経営者が二人いた。生命保険会社と鉄道会社の社長だ。生命保険会社は命にこだわる。鉄道会社は電気を使う立場だ。しかし、関西経済界の空気は「電力不足は経済活動を破壊する」という理由で原発再稼働推進が大勢だった。

そこで、関西広域連合としては、原発再稼働なしで省エネや節エネの実績を示す方針をとり、関西全体のエネルギー担当と節電担当を大阪府市と滋賀県が引き受けた。いかに原発停止による電力不足を回避するか、広域連合の会議では「家庭における節電対策」「産業・業務部門における節電対策」「行政における率先行動」など、真夏と真冬のピークカットに知恵をしぼった。「自家発電」「差額料金制度」「クールファミリーライフ」なども実践してきた。

特に家庭レベルでの対策を滋賀県が提案した。知事の権限が働く分野として、真夏のピーク時に県立の博物館や美術館の入館料を無料にし、家庭でのクーラーを切って、博物館・美術館に来てくださいと呼びかけた。これはかなり成功した。「クールファミリーライフ」は、一年目と二年目には、民間のデパートや福祉施設などに広がった。高齢者への、夏に自宅のクーラーを切って公民館などでクールシェアを進めようという呼びかけは、新しい人的つながりも生み出した。原発再稼働なしで「電力ブラックアウト」を回避するための実践は、結果的に関西ではかなり成果を上げた。二〇一三年には三千万キロワット近かった電力需要は、二〇一五年の夏には二五〇〇万キロワットを割り、一五%以上カットできた。企業も住民も協力しての成果が自信につながった。

6　実効性ある避難計画は現段階では不可能

避難計画のためにはまず情報共有だ。国ではSPEEDIデータを使わず、計測データで汚染の濃度が上がった時点で避難勧告を出すというが、住民は「汚染される前に避難したい」と希望するはずだ。

二点目は交通問題だ。住民避難計画における交通上の実効性について、特に滋賀県の北西部に関しては頭を痛めた。高島市と長浜市の一九六集落に住む六万人近い住民を、いかに短時間で非汚染地域に誘導避難できるか。関西広域連合で広域避難計画をつくり、たとえばマキノ町のA村は大阪府羽曳野市のB自治会というような対応関係をつくった。計画だけはつくったが、果たして本当に動けるのか。自家用車の避難は時間がかかりすぎるのでバス避難を推奨した。しかし高島市から市外への主要道路は二本しかない。大雪や地震で寸断される恐れがある。最も悩ましいのがバス運転手の確保だ。「労働安全衛生法」があり、事業者は安全を見越して従業員に指示しなければならないので、危険区域に送るわけにいかない。もちろん知事も、事業者の権限を超えてバス運転手を汚染地域に派遣させる権限はない。高島市と長浜市で計五〇〇台のバスが必要という計画しているが、よしんば車が確保できても運転手の確保は困難を極めるだろう。

三点目はヨウ素剤の配布だ。国は、事前配布は五キロ圏内で、三〇キロ圏は「緊急事態発生後」としている。事態発生後にヨウ素剤を配ることが可能か。また、医師や薬剤師の指示に基づいて服用とあるが、通常から医療人材が不足している地域では非現実的だ。

四点目は指揮系統の問題だ。「原子力災害対策特別措置法」では、国の対策本部が地元市町村に対しＵＰＺの住民の避難を指示できるとしている。三・一一のときには菅直人総理大臣が避難指示を出した。一方「災害対策基本法」では避難指示は市町村長の権限としている。県は情報提供の役割だ。国と県と市町村の災害時の指示系統でさえ未整理だ。いざというときの混乱を避けることができるのか。

五点目はテロ対策だ。アメリカやドイツでのテロ対策に比べ、日本ではほとんど整備が進んでいない。特に現在、日本海をはさんで至近距離にある北朝鮮がミサイルを多発する時代に、テロ対策は必須である。

寺田寅彦は「天災と国防」（一九三四）のなかで「文明が進めば進むほど天然の暴威による災害がその劇烈の度を増す」[*5]と述べている。琵琶湖は単なる水がめではない。命の水源であり、神と仏が住まう天台薬師の池でもある。その琵琶湖には足がない。いくら人間の避難計画を綿密につくっても、琵琶湖自身は避難できない。これが、実効性ある避難計画は不可能だという結論に達した意味でもある。

（嘉田由紀子）

注

＊1　嘉田由紀子『知事は何ができるのか――「日本病」の治療は地域から』風媒社、二〇一二年。

＊2　船橋晴俊「受益圏／受苦圏」庄司洋子・木下康仁・武川正吾・藤村正之編『福祉社会事典』弘文堂、一九九九年、四六七頁。

＊3　石橋克彦「原発震災――破滅を避けるために」『科学』六七巻一〇号、一九九七年、七二〇―七二四頁。

＊4　琵琶湖地域環境教育研究会編『ビワコダス・湖国の風を探る――生活と科学の接点としての気象研究の試み』（滋賀県立琵琶湖博物館研究調査報告第一四号）、一九九九年。

＊5　寺田寅彦『天災と国防』岩波書店、一九三八年。

第2章　放射性物質は滋賀の大気でどのように広がるのか

1　シミュレーションの幕開け

二〇一一年三月一一日に発生した東日本大震災は、揺れに伴う被害だけでなく、津波によっても、きわめて大きな被害をもたらした。そのなかで、福島県双葉郡大熊町に所在する福島第一原子力発電所では、地震による揺れと津波により、外部電源をすべて失う状況となった。そして三月一二日以降、当時稼働中であった一～三号機の水素爆発等により、次々と圧力容器が破損し、外部に大量の放射性物質が放出される事態となった。その影響は、大気中での放射性物質の拡散、飲料水源の汚染、海洋・河川および湖沼での汚染を通した魚介類への蓄積、また、農作物や森林・土壌への沈着と、きわめて大きなものとなった。

このような今までにない規模の事故が日本で発生したことから、滋賀県では、もし、このような規模の事故が隣接する福井県で起きた場合、県内への放射性物質の移流状況はどうなるのか、大きな恵みを得てきた琵琶湖への影響はどうなるのか、そして、その影響を少ないものとするためにどのような対策が必要となるのかという観点で、これまでの滋賀県地域防災計画（原子力災害対策編）の見直しに着手した。というのも、隣接する福井県では若狭湾に集中して原子力発電施設が建設されており、最も近い原子力発電所から県境まで一三キロしかないからだ。見直しにおいては、原子力発電所の事故の想定を、これまでのスリーマイル島の事故から、福島第一原子力発電所の事故へと切り替えることとした。

滋賀県の防災部局である防災危機管理局では、福井県に所在する原子力発電所で事故が起こった場合に、滋賀県やその周辺の地形や気象状況をふまえ、放射性物質がどのように拡散するのか予測をするため、国に環境影響予測システムであるＳＰＥＥＤＩを用いて予測を行うことを要望した。しかし、この要望が受け入れられなかったことから、すでに大気環境および琵琶湖水環境のシミュレーションに実績を持っていた琵琶湖環境科学研究センターがシミュレーションを行うこととなった。

事故が発生して二ヶ月後の二〇一一年五月末に防災部局からこの要請を受け、センターでは、すぐに大気中の放射性物質の拡散予測に着手し、一一月に開催される滋賀県防災計画（原子力災害対策編）の見直し検討委員会（二〇一三年度から「見直し検討会議」）に結果を報告するという、きわめてタイトなスケジュールに対応した。そして二〇一一年度末には、私たちが行ったシミュレーション結果を反映して、滋賀県版ＵＰＺ（原子力災害対策を重点的に実施すべき地域）の制定など、地域防災計画（原子力災害対策編）の改定が行われるという成果を得た。

さらに翌年度からは、本研究を「環境リスクの評価と対応方策検討事業」として予算化し、琵琶湖およびその流域での放射性物質の動態をシミュレーションするため、地表への放射性物質の沈着量の予測を行い、その結果を二〇一四年一月の見直し検討会議に最終報告した。この沈着量の予測結果を用いて、次章で紹介する琵琶湖流域における放射性物質の動態予測を実施していくこととなる。

2　放射性物質の大気中での拡散予測の計算手順と結果

原子力発電所事故の想定

今回実施した放射性物質の拡散予測は、防災計画の改定に用いるという目的で実施することから、福島第一原発事故と同じ規模という想定を、過大にも過小にもなることなく、県民の皆さんに納得してもらえる想定とすることが、きわめて重要と考えた。

当センターが予測を開始した当時の報告では、福島第一原発での放射性物質の放出は、三月一二日の一号機の放出に始まり、一四日には三号機の放出、そして一五日には、一連の放射性物質の放出のなかで時間当たりの放出量が最大となった二号機の放出があった。その後も、放射性物質の放出は続き、原子力安全・保安院の資料では、事故後約一ヶ月間の放出量は、最も多いキセノン133が総量で一・一×一〇の一九乗ベクレル、ヨウ素131が一・六×一〇の一七乗ベクレル、セシウム134が一・八×一〇の一六乗ベクレル、セシウム137が一・五×一〇の一六乗ベクレルだった。そこで当センターでは、大気中への放出量が多いキセノン133およびヨウ素131についてシミュレーションを行うこととした。一方、琵琶湖流域への沈着量の予測については、常にガス状で地表に沈降しないキセノンを除外し、ヨウ素131（半減期八日）と、半減期が長く長期間にわたって影響を与えるセシウム134（半減期二年）とセシウム137（半減期三〇年）を対象とした。

事故による放出量は次のように決定した。放出量を時系列で評価した資料として、第六三回原子力安全委員会資料（第五号）があり、その推定値を見ると、三月一五日の七時から一七時の間に、事故後の一連の放出のなかで最も多くの放射性物質が放出されたと推測された（ヨウ素131で二・二×一〇の一六乗ベクレル、セシウム137はヨウ素131の一〇分の一)。一時間当たりの最高値は、ヨウ素131で四・〇×一〇の一五乗ベクレル、セシウム137で四・〇×一〇の一四乗ベクレルだった。この福島第一原発の事故のなかで最も過酷な状況が、福井県に所在する原子力発電所で起こったと想定し、一時間当たりの放出量は一連の過程での最大値とし、その総量を二号機からの放出と考えられる三月一五日七時から一七時までの総放出量とほぼ一致させ、表3-2-1のような量の放射性物質が放出されたとして、シミュレーションを進めた。

なお、キセノン133に関しては、希ガスであるため、炉内に蓄積していたものが一気に放出されたと考えられることから、原子力保安院のデータで最も多くのキセノン133が放出されたと推測される三号機の放出量四・四×一〇の一八乗ベクレルが一時間で放出されたと仮定した。

放射性物質の大気中拡散予測に用いたモデルについて

琵琶湖環境科学研究センターでは、放射性物質の拡散予測を行う直前の二〇〇八〜一〇年度に、滋賀県および近畿圏での大気環境の解析に関する研究を行った。その成果は、光化学オキシダント注意報・警報を出すための自動測定機の配置や注意報発令地域の設定に活かされ、県の大気汚染対策において大きな役割を果たした。このとき用いたのが、気象モデルMM5と大気質モデルCMAQの連携システムであった。このモデルによる予測と実際の大気汚染自動測定機の測定値はきわめてよい一致を示しており、モデルの有効性が確かめられている。そこで今回の放射性物質拡散シミュレーションの大気中での予測に、

表3-2-1　シミュレーションで仮定した放射性物質の放出量（単位ベクレル）

	1時間放出量	放出時間	放出総量	福　島 (3月15日7〜17時)
ヨウ素131	4.0×10^{15}	6時間	2.4×10^{16}	2.2×10^{16}
セシウム137	4.0×10^{14}	6時間	2.4×10^{15}	2.2×10^{15}

注）セシウム134の放出量は、上記総放出推定量の比率からセシウム137の1.2倍とした。

このモデルを応用することとした。

気象モデルであるMM5は、米国ペンシルバニア州立大学と米国大気研究センター（NCAR）により共同開発されたもので、（財）気象業務支援センターが提供するGSM（日本域）客観解析データを用いて計算を行った。また、大気中物質の移流・拡散・反応を計算する大気質モデルCMAQは、米国環境保護庁（EPA）が公開しているものを入手して、大気中のキセノン133およびヨウ素131からの空間放射線量の予測に使用した。

本システムでは、地表を三キロメッシュで区分し、鉛直方向には、第一層〇～一八メートル、第二層一八～四四メートル、第三層四四～七三メートル……と、二二層に区切り、直方体間の移流・拡散・沈降、および直方体内でのエアロゾルへの吸着などを、放出後一時間ごとに計算した。なお、放射性物質は原子力発電所の放出口の高さから第三層に放出することとした。また、各地表メッシュには標高データが入っており、このシステムは滋賀県およびその周囲の気象と地形のデータが組み込まれたものとなっている。

次に気象条件は、実際に起こった過去の気象状況を当てはめてシミュレーションを行った。

まず、美浜発電所の場合だが、発電所が滋賀県域の北に位置することから、事故の前年二〇一〇年各月のアメダス美浜観測所のデータより、北向きの風で（西北西～東北東）、かつ風速が穏やかで高濃度の放射性物質が拡散せず長時間かけて滋賀県を通過する可能性がある日を、月に五日ずつ選び、全六〇のケースについてシミュレーションを行った。また、大飯発電所については、滋賀県の北西に位置することから、美浜発電所で選んだ日のうち、アメダス小浜観測所で、大飯発電所からの影響が大きくなる北から北西の風向が主となる日を月三日ずつ、全三六ケースを選定した。また、敦賀発電所および高浜発電所については、それぞれ距離が近い美浜発電所および大飯発電所ケースのうち、滋賀県への影響が大きかった五ケースについてシミュレーションを行った。総計で一〇六のケースについてシミュレーションを行った。

大気中のシミュレーションでは、通常の大気汚染を評価するモデルを使用していることから、放射性物質そのものを項目として選ぶことができない。そこで、性質の類似性から、キセノン133は、反応性がほとんどなく常に気体である二酸化炭素として、ヨウ素131は、イオン性が高く、エアロゾルに取り込まれる性質をもつ硫酸イオンとして取り扱った。

人間への大気中放射性物質の影響については、当時運用されていた旧原子力防災指針に基づき、キセノン133については大気からの外部被ばく値を、ヨウ素131については、地表濃度の大気を吸引することによって取り込まれ、甲状腺に集積する放射性物質による内部被ばくを計算し、旧指針に示されている指針値との比較によって評価を行った。

大気中での放射性物質拡散予測結果

放射性物質拡散予測シミュレーションでは、原子力発電所の事故による放射性物質の放出が朝九時に始まったと仮定し、放出後二四時間について、滋賀県内の三キロ四方の各メッシュ上で、鉛直方向に二二層に分けた立方体間での移流・拡散を計算し、放射性物質濃度を推定した。なお、放射性物質からの被ばくを受ける人間は、九時から一七時までの八時間は屋外に、一七時から翌九時までは室内にいるとし、たとえば、ヨウ素131の場合、室内では吸引するヨウ素量を室外の二五%として計算した（防災指針検討ワーキンググループ資料第六‐一二）。

キセノン133については、各メッシュにおける鉛直方向も含め全方向からの放射性物質による外部被ばく量を一時間ごとに計算して合計し、さらに二四時間の外部被ばく量を算出し、当時の防災指針での「屋内退避及び避難等に関する指標」で用いられた、五〇ミリシーベルト以上で避難、一〇～五〇ミリシーベルトで屋内退避、と比較した。その結果、キセノン133については、すべてのケースで屋内退避の指標の一〇分の一の値である一ミリシーベルトを超えた事例はなかった。

一方、ヨウ素131については、呼吸によって体内に取り込まれた放射性物質が甲状腺に集積して人体に影響を及ぼす内部被ばくについて、指標が設定されていた。各メッシュ上で、シミュレーションで得られたヨウ素131の濃度の空気を小児が呼吸することによって体内に集積する放射性ヨウ素の内部被ばく量を計算し、ヨウ素131の指針値である、避難の基準五〇〇ミリシーベルト、屋内退避の基準一〇〇ミリシーベルトと比較した。

計算は、当時の原子力安全委員会が作成した環境放射線モニタリング指針に沿って、放出後一時間ごとに次の計算式で甲状腺への等価線量を計算し、二四時間分積算することによって求めた。

美浜発電所の六〇ケース、大飯発電所三六ケース、ならびに追加して実施した敦賀発電所五ケース、高浜発電所五ケース、合わせて一〇六ケースの拡散予測結果を重ね合わせ、ヨウ素131の内部被ばく量が一〇〇ミリシーベルトを一度でも超えた地域、および、ヨウ素131の内部被ばくの影響を軽減するために服用される安定ヨウ素剤の配布を行うとして、国際原子力機関（IAEA）が定めた五〇ミリシーベルトを超えた地域を図3-2-1に示した。

その結果、美浜発電所からの拡散予測では、長浜市および高島市の一部で一〇〇ミリシーベルトを超す地域が見られた。また、大飯発電所からの拡散予測では、高島市の西部に一〇〇ミリシーベルトを超す地域が見られた。一〇〇ミリシーベルトを超えた地点での最大距離は、敦賀発電所から高島市に拡散した事例で四三キロまで到達していた。

また、五〇ミリシーベルトを超える地域は、ほとんどの市町に及び、五〇ミリシーベルトを

甲状腺への等価線量	甲状腺等価線量係数×ヨウ素 131 大気中濃度×呼吸率
甲状腺等価線量計数	3.2×10^{-3}mSv/Bq （3.2 × 10 のマイナス 3 乗ミリシーベルト／ベクレル）
呼吸率（小児）	0.31×10^{6}cm^{3}/h（10 の 6 乗立法センチメートル／時間）

超えた最も遠い地点は、美浜発電所から甲賀市まで拡散した事例で、八九キロまで到達していた。

放射性物質の沈着量予測手法について

大気中に放出された放射性物質は、粒子やエアロゾルに吸着し、重力によって、もしくは降水によって沈降して地表に沈着する。琵琶湖への影響を予測するためには、直接湖面に沈降する量や、流域の地表に沈着する量を計算することが必要になる。

沈降しやすさは、気体やエアロゾル、粒子状という形状が大きく関与する。また、沈着した放射性物質は、その半減期によっては長期間琵琶湖流域に存在することがあり、放出量としてはヨウ素131の一〇%程度であるが、半減期が二年および三〇年と長く、かつ沈降しやすい粒子として拡散するセシウム134とセシウム137の予測を付け加えた。一方、常に気体で、また降水や

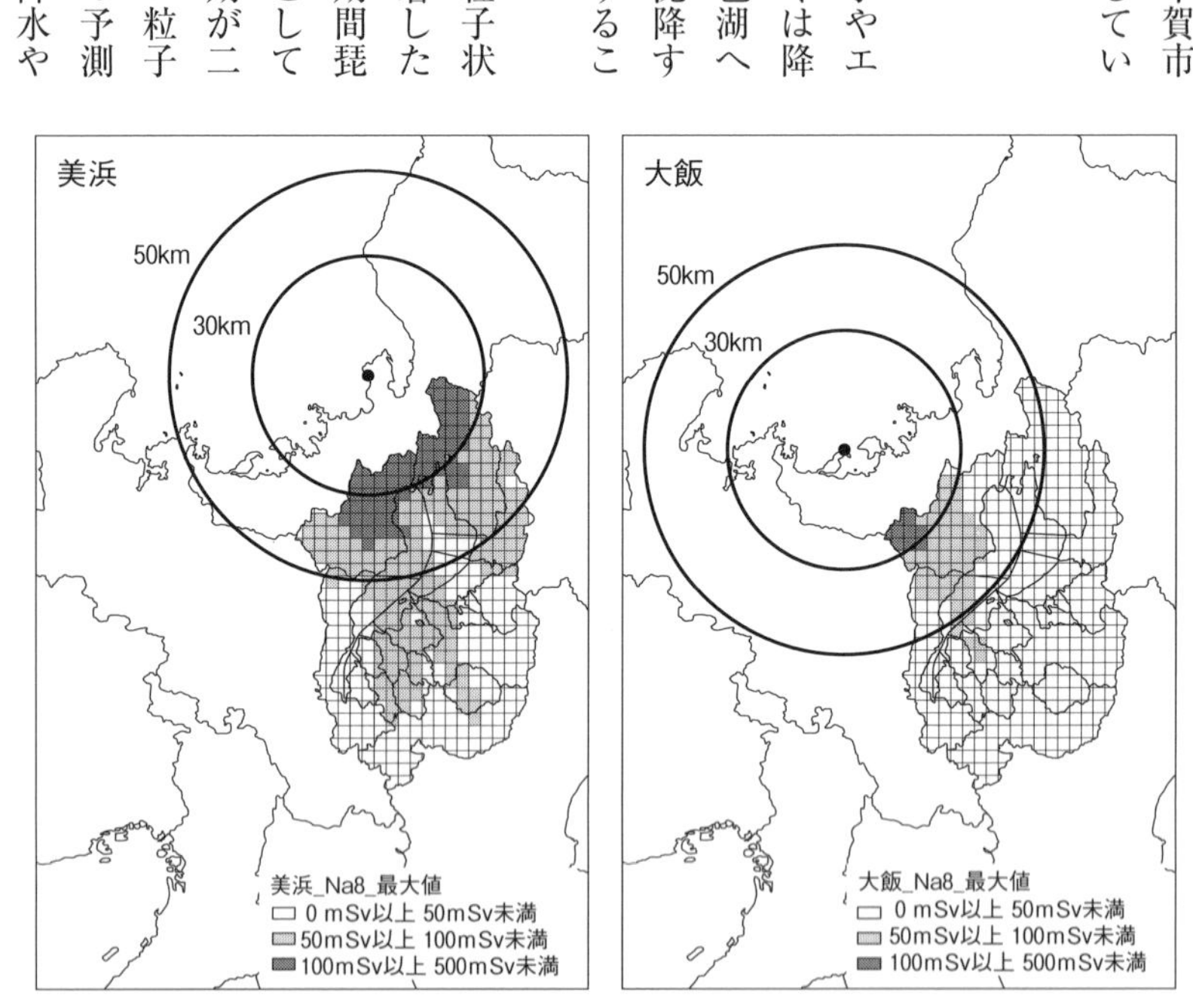

図 3-2-1　美浜発電所および大飯発電所からのヨウ素 131 の拡散予測図

注）美浜発電所 60 ケース、大飯発電所 36 ケースの予測結果を重ね合わせた。

出所）第 3 回滋賀県地域防災計画（原子力災害編）の見直しに係る検討委員会資料（カラー版 www.pref.shiga.lg.jp/bousai/gensiryoku/files/3siryou2.pdf）。

エアロゾルに取り込まれないキセノン133は、沈降しないことから予測から除外した。なお、ヨウ素は、福島第一原発の事故時の調査データから、大気中の粒子状の割合が五〇％もしくは一五％という二条件で予測を行った。

予測の前提となる事故の規模は、大気中の拡散予測と同様に福島第一原発二号機の三月一五日の水素爆発の状況を想定した。

大気中の拡散予測では、過去のデータから、風向と風速を指標に気象条件を選定したが、沈降量の予測には、降水の条件がきわめて大きく影響する。したがって、降水がどの地域にどのような強度で起こったのかを考慮して、予測実施日を選択していかなくてはならない。このように沈降量の予測においては、大気中の拡散予測と比較して選定条件が複層化していることから、原子力発電所から一定量の放射性物質を放出させ、次の①～⑥のような条件で、全対象期間について簡易的に予備シミュレーションを行うことによって、二〇一〇年から二〇一二年の三年間の気象データから琵琶湖流域に沈着量が多かった日時を選択し、選択された日について詳細な予測を実施した。


【シミュレーション実施日の選定方法】
①放射性物質を一定量で連続放出
②一〇キロメッシュで計算
③一時間あたりの琵琶湖流域への沈着量の総和計算
④六時間ごとの総和沈着量を時系列で表示
⑤四半期ごとに沈着量が最も多い日時を選定
⑥二四時間沈着量（ベクレル／平方メートル）と放射線量（マイクロシーベルト／時間）で図示

なお、沈着量の予測では、気象モデルをMM5から最新モデルである米国大気研究センターと米国海洋大気庁予測センターで開発されたWRFに変更するとともに、大気質モデルのバージョンアップや、より精度の高い気象データの取り込みを行った。

放射性物質沈着量の予測結果

前章で示した一〇キロメッシュで簡易的に予測した結果をセシウムについて図3－2－2に示した。この結果を用いて、特異的に大きい沈着量を示した時間に放射性物質が放出された場合に琵琶湖流域に大きな沈着量をもたらすとして、美浜および大飯原子力発電所それぞれについて、四季ごとに一ケースずつ選定した。

選定された日時の六時間に、第二節で設定した放出が起こったとして計算を行った。二四時間後までに滋賀県域に沈着した累積放射性物質量について、美浜原子力発電所もしくは大飯発電所での事故を想定して、セシウムについて計算した。その結果を図3－2－3に示した。

これらの図より、原子力発電所からの距離によって減衰す

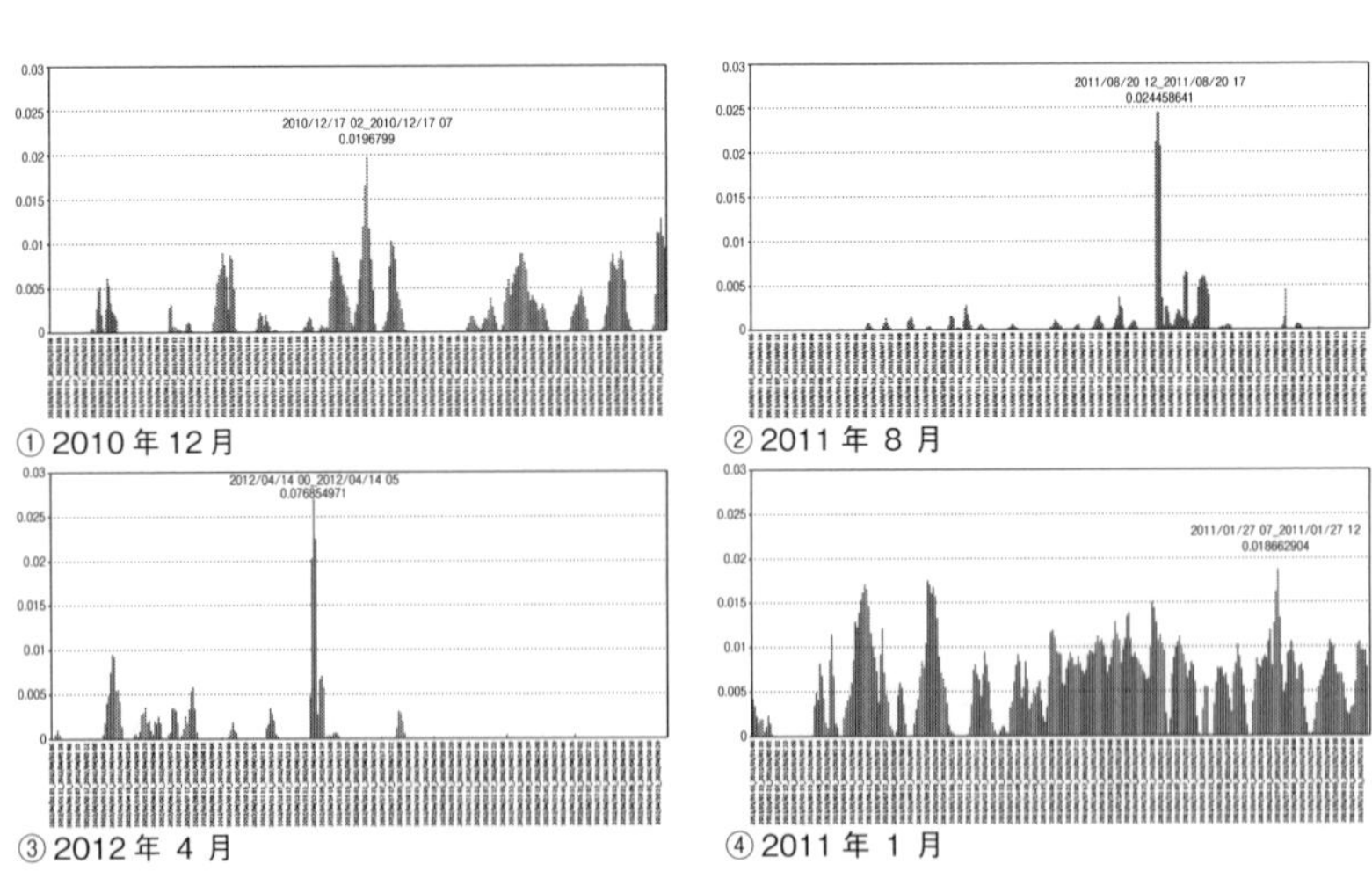

図 3-2-2　セシウムの沈着量概算の結果（美浜原子力発電所）

注）縦軸は、琵琶湖流域への事故後6時間の放射性セシウム沈着量を示し、横軸は、事故発生日時（1時間ごと）を示している。

出所）平成25年度第3回滋賀県地域防災計画（原子力災害対策編）の見直し検討会議資料（カラー版 www.pref.shiga.lg.jp/bousai/gensiryoku/25minaosikentoukaigi_3.html）。

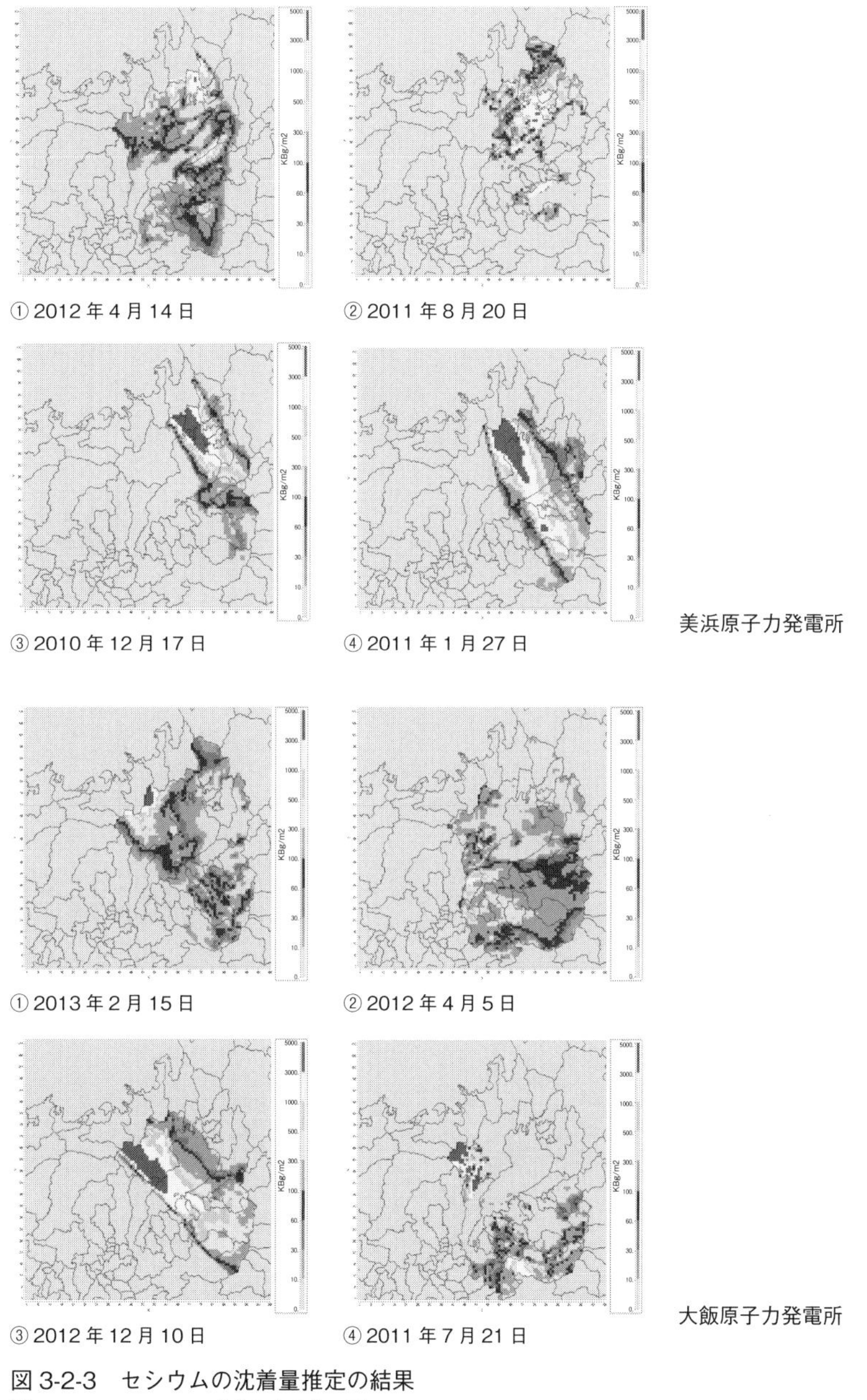

図 3-2-3　セシウムの沈着量推定の結果

注）シミュレーションの実施日時は次の通り。

美浜	① 2012 年 4 月 14 日 0 ～ 6 時（4 ～ 6 月）	② 2011 年 8 月 20 日 12 ～ 18 時（7 ～ 9 月）
	③ 2010 年 12 月 17 日 2 ～ 8 時（10 ～ 12 月）	④ 2011 年 1 月 27 日 7 ～ 13 時（1 ～ 3 月）
大飯	① 2013 年 2 月 15 日 6 ～ 12 時（1 ～ 3 月）	② 2012 年 4 月 5 日 13 ～ 19 時（4 ～ 6 月）
	③ 2012 年 12 月 10 日 18 ～ 24 時（10 ～ 12 月）	④ 2011 年 7 月 21 日 2 ～ 8 時（7 ～ 9 月）

出所）図 3-2-2 と同じ。

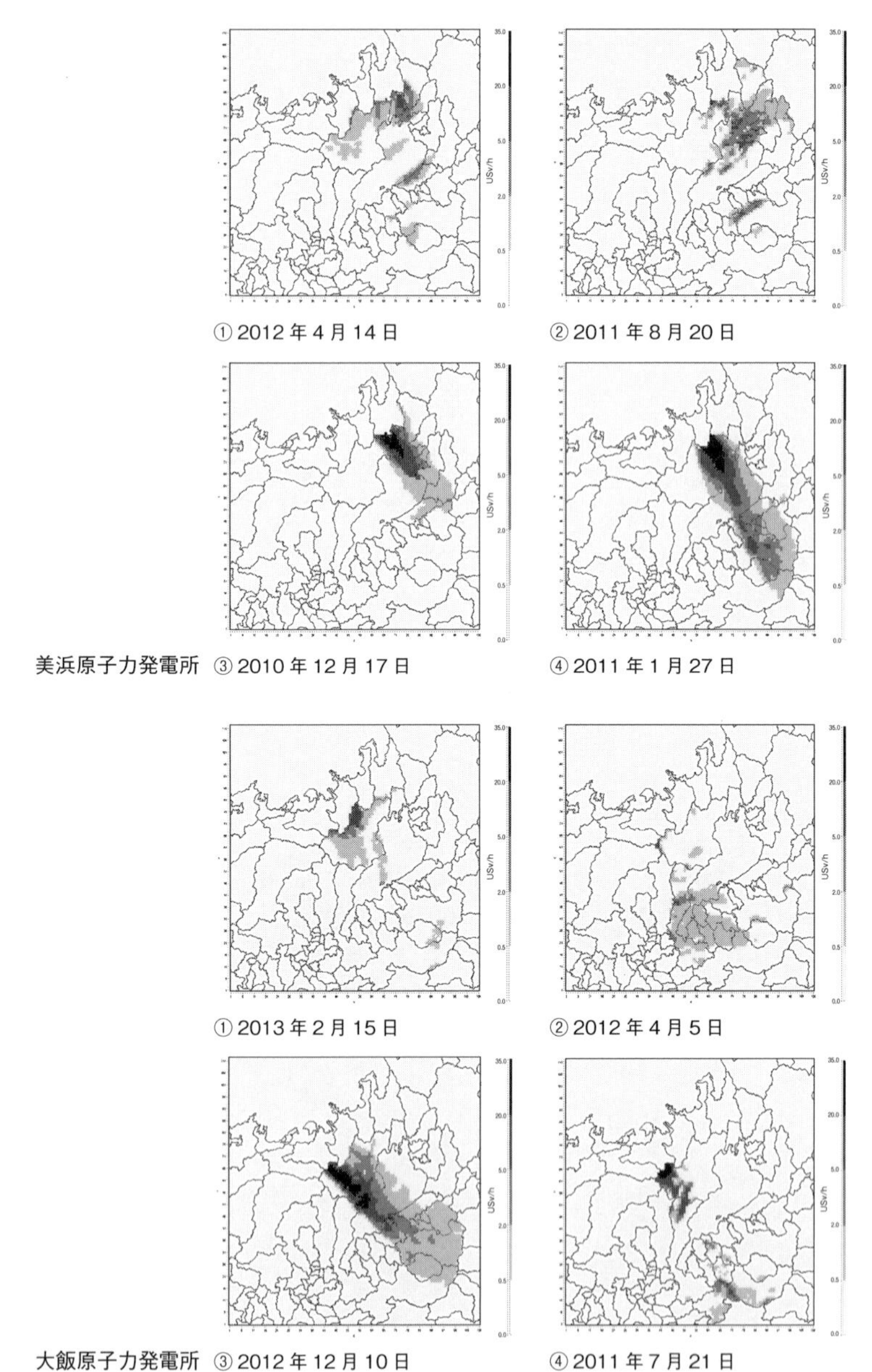

図3-2-4　沈着したセシウムによる放射線量

出所）図3-2-2と同じ。

る大気中での拡散予測結果と異なり、沈着量の予測では降水があった地域で数値が大きくなることが分かる。また、福島第一原発から浪江町や飯館村にかけて見られたような、一平方メートル当たり三〇〇〇キロベクレルを超える量の沈着が、滋賀県内でも起こることが推測された。さらにこの結果から、沈着したセシウムから受ける空間放射線量率を計算すると、二〇一二年一〇月に原子力規制委員会が定め、原子力災害対策指針で、緊急モニタリング結果から防護措置を実施するレベルとして設定される「運用上の介入レベル（ＯＩＬ）」のうち、ＯＩＬ２の基準にあたる一時間当たり二〇マイクロシーベルトを超える地域も見られた。ＯＩＬ２は一日内を目途に区域を特定し、地域生産物の摂取を制限するとともに、一週間程度以内に一時移転を実施するレベルである（図３－２－４）。

３　大気中放射性物質拡散予測の政策への活用と課題

第一節で述べた通り、このシミュレーションによる大気中放射性物質拡散予測は、滋賀県地域防災計画を改定するために実施された。また、第二節で示したシミュレーション時の放射性物質の放出量や気象データの選択、滋賀県およびその周囲の地形の反映などの前提条件は、そのまま防災計画に前提条件として記載された。

また国は、福島第一原発の事故を受け、原子力災害に備えた防災対策を講じる重点区域の範囲（ＵＰＺ）を、これまでの半径八～一〇キロから、おおむね半径三〇キロに変更した。しかし滋賀県は、地形や気象条件を反映すべきとの考え方から、シミュレーションした一〇六のケースで、当時の原子力防災指針の屋内退避の指針値の下限であるヨウ素131による内部被ばく一〇〇ミリシーベルトを一度でも超えた地域を、滋賀県版ＵＰＺとして設定した（図３－２－５）。

このように、私たちが行った大気中放射性物質拡散予測は、科学的根拠を提供することにより、滋賀県地域防災計画の改定に大きく貢献することになった。後に続く第三章、四章で詳しく記している通りである。今後も、この予測は、原子力防災訓練や緊急モニタリングの実施に向けた検討に際して、強力なツールとして活用できると考えられる。

また、琵琶湖流域の放射性物質の沈着量の予測結果は、福島第一原発から浪江町にかけて見られた過酷な地表への沈着が、滋賀県内でも起こりうることを示した。また、沈着量のシミュレーションは、第三章の琵琶湖流域での動態解析によって、琵琶湖や河川での水質や底質、生態系への放射性物質の拡散影響予測を行うための基礎データを提供した。

今回、たとえば福島第一原発の事故による地表へのセシウムの沈着量のように、事故後の状況についてデータがあるものについては、一定再現性があることを検証しつつシミュレーションを行ってきた。しかし、実際のデータが得られなかった大気中の拡散について、同じ放出量や気象条件を用いて、本シミュレーションモデルとＳＰＥＥＤＩの比較を行ったところ、システムによってその結果が大きく異なるケースも見られ、精度や再現性を考慮して、シミュレーション結果を評価していくことが必要であることが分かった。そして県民のみなさんに情報を提供する際には、その精度・再現性についての情報も同時に提供することが、今後の課題である。

（山中直）

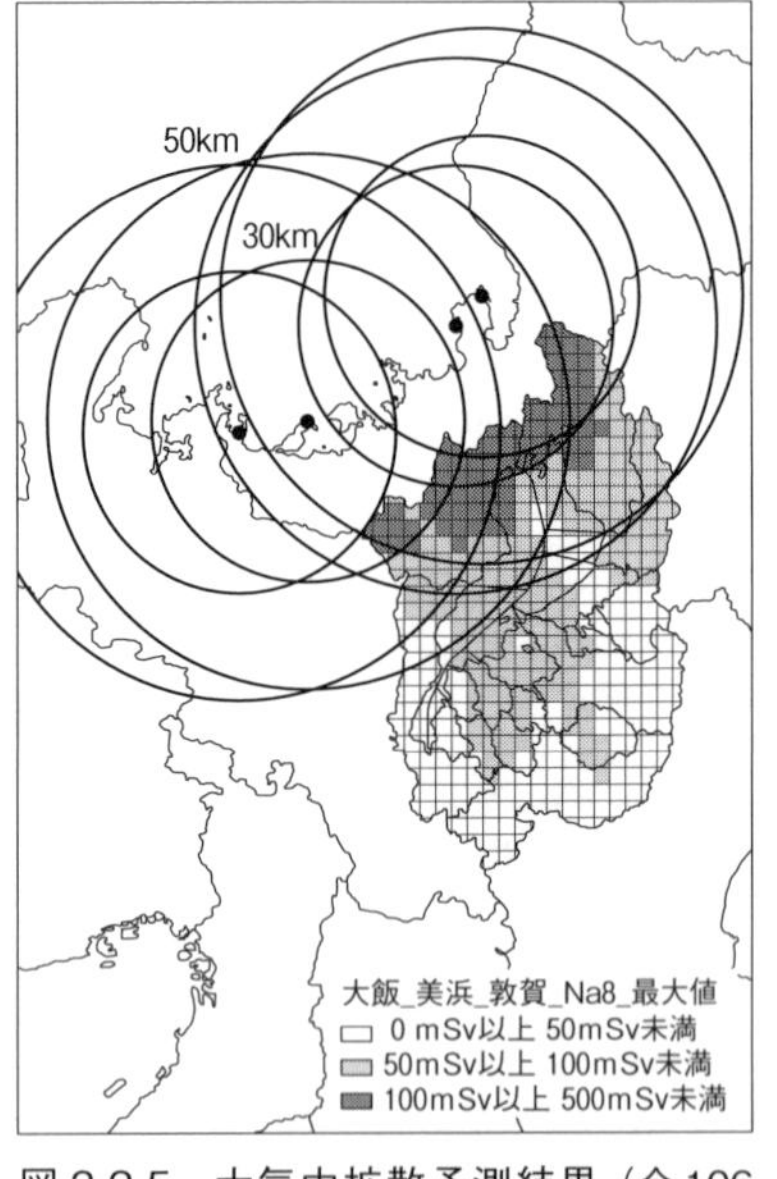

図 3-2-5　大気中拡散予測結果（全 106 ケース）と滋賀県版 UPZ の設定

出所）第 4 回地域防災計画（原子力災害対策編）の見直しに係る検討委員会資料（カラー版 www.pref.shiga.lg.jp/bousai/gensiryoku/files/4siryou3.pdf）。

第3章　放射性物質は琵琶湖でどのように広がるか

1　計算の手順と結果

大気から琵琶湖へ

琵琶湖環境科学研究センター（以下「センター」という）では、二〇一一年度に放射性物質拡散による大気への影響予測を行ったのち、二〇一二年度から琵琶湖、とりわけ飲料水源としての水質への影響予測を行うことになった。より正確にいえば、近畿一四五〇万人の水源である琵琶湖が汚染された場合の影響について、福島第一原子力発電所の事故直後から市民・行政双方で懸念されていたため、二〇一一年度から予測のための方法論の検討や文献の収集整理などを進めていた。

筆者（佐藤）はそれまで、有機物や栄養塩（窒素やリン）の動態に関する研究に専門的に取り組んでいた。一方、放射性物質といえば学生時代に実験で少々扱った程度であり、その動態に関する知識は皆無に等しかった。手探りのなかで主にチェルノブイリ事故後の観測や予測モデルに関する論文を多数読み込むと同時に、琵琶湖を対象としていくつかの試算を行った。そして「一定のリスクが見込まれ、かつ今あるモデル（後述）を改良すれば何とか計算できそうだ」という感触をつかんだのは二〇一一年八月頃であった。

事故直後に東京都の金町浄水場で乳児が飲む暫定規制値を超えるヨウ素が検出され、ペットボトルの水をめぐって全国でパニックが起きたことは、読者も記憶に新しいだろう。当時、滋賀県では、福井県の原発から放射性物質の放出があった場合、琵琶湖にどの程度汚染が広がるかについて、「事故が起きたら琵琶湖は大変なことになる」「事故が起きても琵琶湖の水量で薄められるから問題ない」という両極端の意見が存在した。この疑問に一定答え、緊急時の対応等に関する議論を進めるためには、科学的な手法で琵琶湖への影響予測を行うことが必要不可欠であった。

かくして、センターでは二〇一二年度から一三年度の二ヶ年にわたり、琵琶湖の水質への影響予測を実施することとなった。

放射性物質は陸や湖でどのように広がるか

まず、放射性物質が陸や湖でどのように広がるのかという一般論から始めよう。

放射性物質と一言でいっても、その環境中の動態は物質により大きく異なる。とりわけその違いに影響を与えるのが、物質の「水への溶けやすさ」(「溶けやすい」または「溶けにくい」)という性質である。「溶けにくい」とは他の物質と結びつきやすいことを意味する。

ある文献によれば、放射性物質を一定の条件のもとで濁質を含む淡水に入れたところ、ヨウ素やストロンチウムはほぼすべて水に溶けたのに対し、セシウムは五〇～九〇%が、プルトニウムは一〇～六〇%が水に溶け、残りは濁質に吸着した形で存在していた。すなわち、ヨウ素やストロンチウムは環境中では水に溶けた形(これを「溶存態」という)で存在し、セシウムやプルトニウムは他の物質に吸着等した形(これを「懸濁態」という)で存在していることが多いことが分かる。

　また、よく知られているように、放射性物質が放射性崩壊により半分になるまでの期間すなわち「半減期」は、物質により大きく異なり、それは環境中の残留性に大きく影響する。たとえばヨウ素131は半減期が約八日と短く、セシウム134は約二年、ストロンチウム90は約二九年、セシウム137は約三〇年と長い。

　放射性物質が陸や湖でどのように広がるか、まずセシウム（以下ではセシウム137を指す）を例に説明しよう（図3-3-1）。大気中に放出されたセシウムは、すぐにエアロゾルと呼ばれる埃や塵、水滴などに吸着したり取り込まれたりする。それらは非常に軽いため、重力で陸上に沈着することはほとんどなく、たいていは雨が降ったときにその雨と一緒に陸上に降り注ぐ。沈着したセシウムは、前述のように「物質と結びつきやすい」性質を持つため、樹木の葉や幹、森林や農地の土壌などに取り込まれる。そこから流出することは、大雨のときなどを除き、かなり少なくなる。一方で、水面や市街地などに落ちてきたセシウムは、比較的早く水の流れにのって下流に流されていく。市街地はアスファルトやコンクリートで覆われている面積が多く、雨が地下に浸透する割合が森林などと比べて少ないためである。

　湖には、このように川を経由するセシウムと、雨に取り込まれて湖面に直接沈着するセシウムが流入する。湖のなかでは溶存態として存在するものと、物質に吸着などして懸濁態で存在するものがある。セシウムはカリウムと化学的性質が類似している。カリウムは窒素やリンとならんで植物にとっての三大栄養素の一つであるから、セシウムは誤って植物プランクトンに取り込まれやすい。セシウムは半減期が長いため、食物連鎖を通じて時間をかけて動物プランクトンや底生生物、魚、貝などに取り込まれ、蓄積していくことになる（そのほか、これらの動物が水中や底泥などから直接取り込む分もある）。これらの糞や死体など粒子状の物質は湖底に沈み、蓄積されていく。

これがヨウ素（以下ではヨウ素131を指す）になると、「水に溶けやすい」性質を持ち、かつ「半減期が短い」ため、セシウムとは動態や蓄積性がずいぶんと異なってくる。まず、雨が降ったときだけでなく、降らないときも比較的多く陸上に沈着する。その割合は諸説あるが、半々か、降らないときの方が多いと考えられている。沈着したヨウ素は大部分が溶存態として川や地下水の水の流れにのって湖に流入する。しかし半減期が短いため、生物中の濃度や湖底中の蓄積量が問題になることはほとんどない。

このように、きわめて大ざっぱにいえば、事故直後はヨウ素またはセシウムによる飲料水への汚染が問題となり、中長期的には魚介類など生物におけるセシウムの蓄積や、川底や湖底などに蓄積したセシウムによる（外部）被ばくが問題となる（表3-3-1）。ちなみにチェルノブイリ事故の際は、水に溶けやすく、かつ半減期の長いストロンチウム90が多量に放出されたため、長い間水中の濃度が問題となった。

琵琶湖流域を対象とした計算方法

影響予測を行うためには、放射性物質が大気や陸域、湖内でどのような挙動を示すかを予測できる「モデル」が必要となる。モデルとは、対象のふるまいを数式で表現したものである。近年はコンピュータの発達により、対象が多く複雑なものでも解析できるようになってきている。またモデルを使って複雑な事象を定式化し、コンピュータ上で模擬実験を行うことを「シミュレーション」という。

センターではこれまで、光化学スモッグなどの大気汚染の予測を行うための「大気モデル」と、琵琶湖とその流域における窒素やリン、有機物などの循環の予測を行うための「陸域モデル」および「湖内モデル」を構築してきた。これらのモデルを組み合わせ、さらに放射性物質を予測できるよう改良を加えることで、放射性物質の影響予測を行った（図3-3-2）。

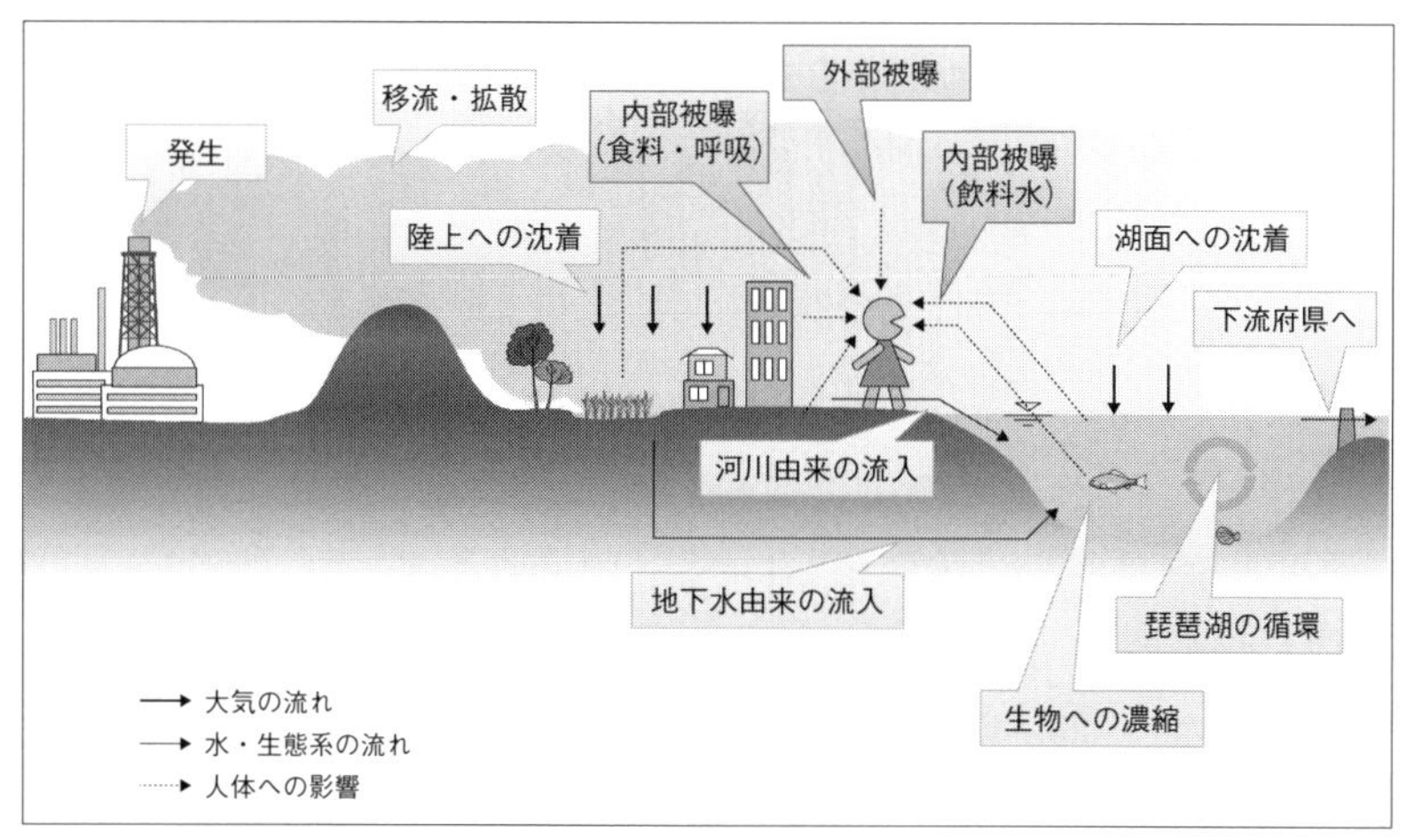

図 3-3-1　放射性物質の拡散・被ばく経路

出所）滋賀県琵琶湖環境科学研究センター『びわ湖みらい』第 21 号、2014 年。

表 3-3-1　原子力災害時に生じる可能性のある現象・影響

時期	事故直後（～数日）	短　期（数日～数ヶ月）	中　期（数ヶ月～1年程度）	長　期（1年～数十年）
環境中の現象	大気中の拡散・沈着			
	水系における汚染			
		水産物における汚染		
		農産物における汚染		
人体への影響	大気からの外部・内部被ばく			
	飲料水による内部被ばく			
		沈着した物質による外部被ばく		
		農林水産物摂取による内部被ばく		
対策(例)	屋内退避・避難	飲食物の摂取制限		住居の移転
	安定ヨウ素剤服用		農林水産物の摂取・出荷制限	
	放射性物質拡散予測		水処理技術の適用	

出所）滋賀県琵琶湖環境科学研究センター「放射性物質の琵琶湖への影響予測の検討状況」第 3 回滋賀県地域防災計画（原子力災害対策編）の見直しに係る検討委員会資料、2013 年。

陸域および湖内モデルについては、前述の「水への溶けやすさ」（専門用語で「分配係数」という）、および半減期を明示的に考慮できるように改良を行った。これにより、セシウムやヨウ素の環境中の挙動の違いも再現できるようにした。その上で、陸域は水平方向に五〇〇メートル、また湖内は水平方向に一キロの格子状、深さ方向に八層に区切り、各ボックス間の移動なども考慮して予測を行った。

予測にあたり最も重要な前提条件は、①事故時に放出される放射性物質の量、②事故時の気象の二つである。まず①の放出量については、福島第一原発の事故において最も大きな放出がなされた二〇一一年三月一五日を対象とし、これと同量のセシウム・ヨウ素が、六時間の間に美浜もしくは大飯の原発から放出されたと仮定した。②の気象については、大気モデルを用いて大飯・美浜の各地点で二〇一〇～一二年度を対象として一定量のセシウム・ヨウ素を連続的に放出させ、琵琶湖流域への沈着量が最も大きくなる日時を四半期（春夏秋冬）ごとに抽出した。

またヨウ素については、大気中において粒子態で存在する割合について複数の報告があり、今回は一五％または五〇％に変

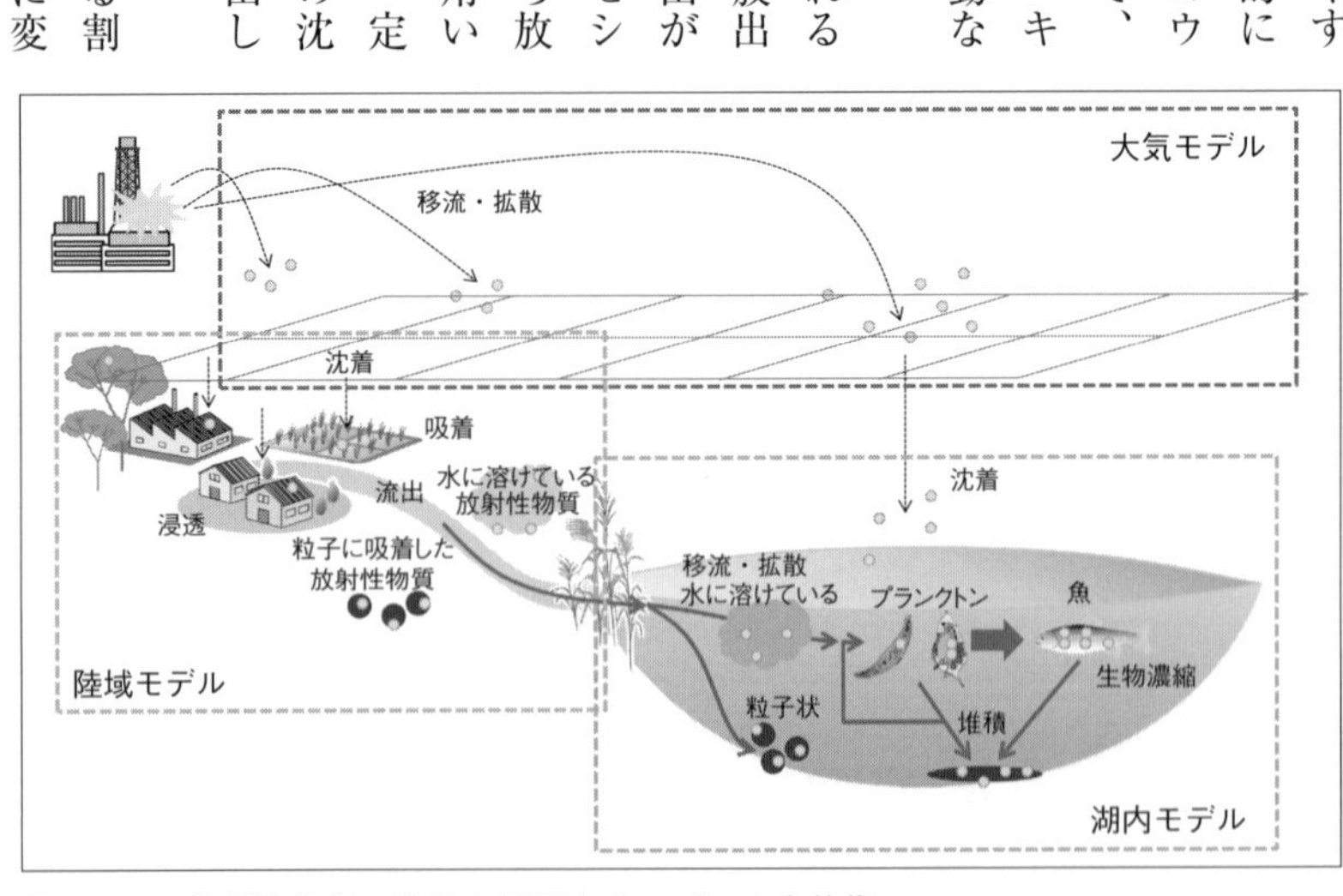

図 3-3-2　放射性物質の挙動を予測するモデルの全体像

出所）図 3-3-1 と同じ。

えて計算をしたので、結局セシウムについては二地点・四半期の合計八ケース、ヨウ素については二地点・四半期・粒子態比率二パターンの合計一六ケースの計算を行った。

予測計算の結果

各ケースについて予測を行い、琵琶湖全体の表層（水深〇〜五メートル）における放射性物質の平均濃度の変化を示したのが図3‐3‐3である。ケースにより結果は大きくばらつくが、水質への影響の大きなケースでは、事故直後にセシウムが一リットルあたり一〇〇ベクレル、ヨウ素が同四〇〇ベクレルを超えると予測された。

その後、深層への移動や瀬田川からの流出、放射性崩壊などによって減少し、一ヶ月後にはセシウムが最大一五ベクレル、ヨウ素が五ベクレル程度まで下がることが予測された。

では、この濃度はどの程度影響があるものなのか。環境水中における放射性物質の基準値は存在しないため、代替的に飲料水基準と比較した。事故が生じたときには、「原子力災害対策指針」（原子力規制委員会）に記載された、放射性物質放出後の緊急時における防護措置実施の判断基準というもの

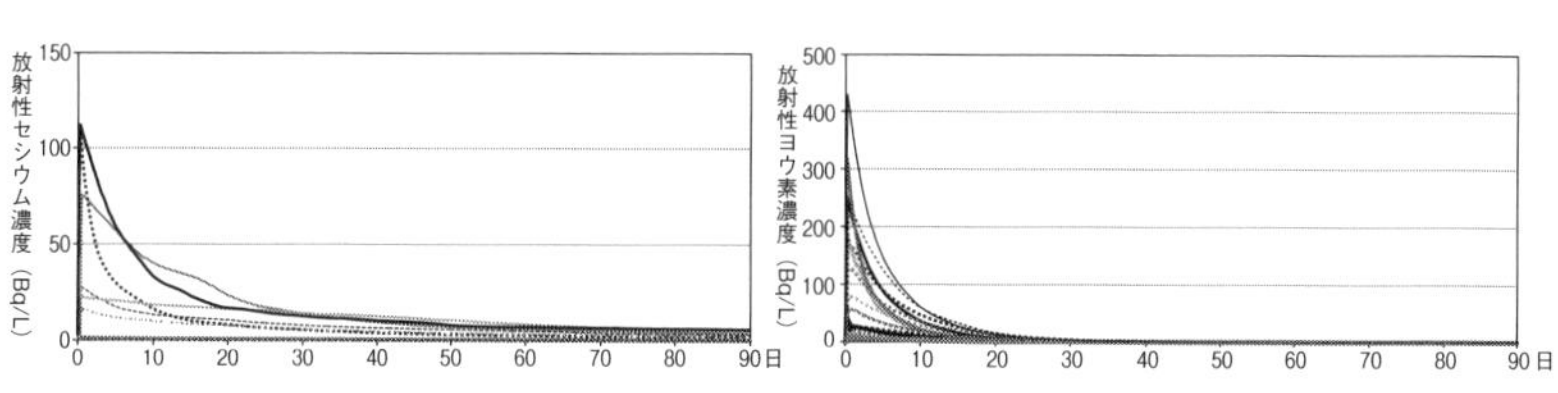

図3-3-3　琵琶湖表層における放射性物質の平均濃度（左：セシウム、右：ヨウ素）

出所）図3-3-1と同じ。

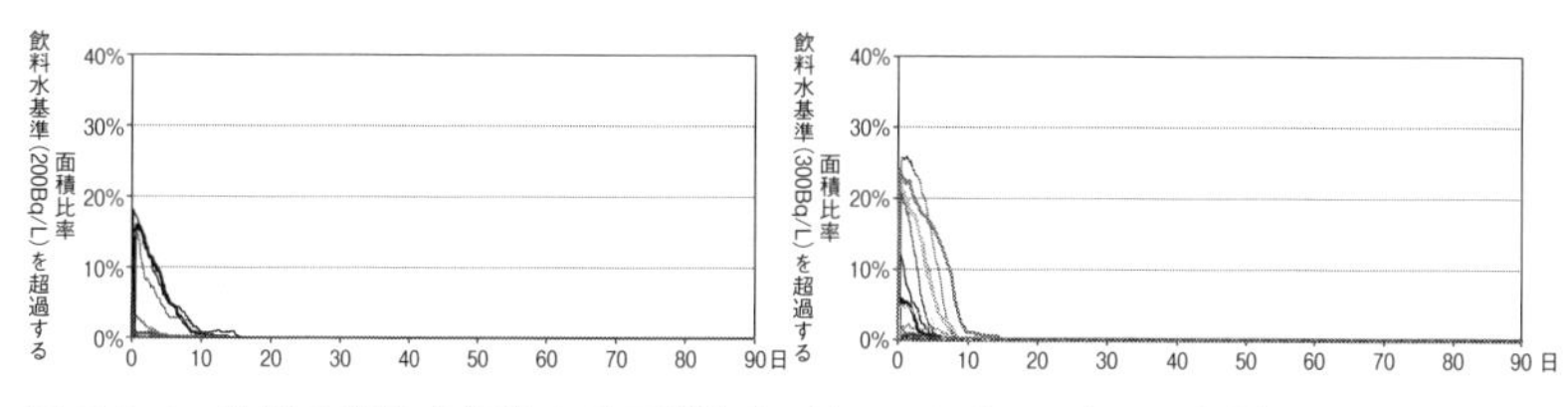

図3-3-4　飲料水基準を超過する面積比率（左：セシウム、右：ヨウ素）

出所）図3-3-1と同じ。

が適用される。飲料水の場合、セシウムは一リットルあたり二〇〇ベクレル、ヨウ素は同三〇〇ベクレルと定められている（ちなみに現在の基準では、セシウムは同一〇ベクレル）。

琵琶湖の表層のうち、これら緊急時の飲料水基準を超過する面積の比率を図３‐３‐４に示す。これもケースによる差が大きいが、影響の大きなケースでは、事故直後にセシウムが二割近く、ヨウ素が二〜三割近くの水域で基準を超過し、またこうした場所が長い場合で一〇日間前後残る可能性が示された。

結果はどのように理解できるのか

上記の結果の解釈にはいくつか注意すべき点がある。よく「原発事故が起きれば一〇日間は琵琶湖の水を飲めなくなる」と解釈されることがあるが、必ずしもそういうわけではない。

まずこうしたシミュレーションは、前提条件によって結果が大きく変わるという性質を持っていることに注意していただきたい。今回は事故時に放出される量を福島第一原発における事故を参考に設定したが、これが倍になったり半分になったりすれば濃度もおおむね倍、もしくは半分になる。気象についても、滋賀県において過去三ヶ年のあいだで最も過酷な例を前提条件として設定しているが、対象期間をより広げて探せば、さらに過酷な気象条件があるかもしれない。

さらに影響には地域差がある。図３‐３‐３に示した濃度はあくまで平均濃度なので、場所によっては、より高いところも低いところもある。図３‐３‐４の面積比率を見ても、一〇日間、基準値を超えた状態が続く水域は限られている。また、セシウムもヨウ素も、浄水処理の過程で一定程度除去されるので、琵琶湖水中の濃度がそのまま蛇口の水に直結するわけではないことにも注意が必要である。

こうしたモデル構築は世界的にも先駆的な分野で、まだまだ多くの課題が残されている。したがって、予測結果は絶対的なものではなく一つの目安としてとらえ、その上で取りうる対応策を検討していくことが求められる。

2　研究成果の政策への活用と課題

以上の結果をふまえて、滋賀県では主に以下の二点について検討がなされた。

第一に、浄水場における対応についてである。現在、琵琶湖を水源とする浄水場は、簡易水道を合わせると合計二一施設あり、給水人口は約一〇〇万人である。これらの浄水場における対応として、①水道水の放射能汚染の低減（放射性物質の混入防止、高濃度汚染水道原水の取水調整、浄水処理による放射性物質除去）、②速やかな水質検査による汚染状況の把握と公表、③摂取制限の基準を超過した場合の対応（摂取制限の広報と飲料水の供給（応急給水の実施、ボトル水の提供など））、という方針が示された（平成二五年度第三回滋賀県地域防災計画（原子力災害対策編）の見直し検討会議）。

第二に、「滋賀県緊急時モニタリング実施要領」（以下「実施要領」という）の作成についてである。実施要領は、緊急時のモニタリングの体制整備や実施の具体的な内容・方法などを定めたものである。本研究により琵琶湖水質への影響が示されたため、緊急時にはＵＰＺ（原子力災害対策を重点的に実施すべき地域）圏内の各浄水場の原水や浄水、蛇口水などの調査がなされるとともに、中長期においては琵琶湖水や河川水、底質についても調査が検討されることとなった。

一方、あくまで個人的な見解であるが、今回のシミュレーションは、このような行政的な対応（政策活用）もさることながら、議論の共通基盤をつくったという点が実質的な意義として大きかったのではないかと考えている。前述のように、汚染の程度に関する情報がなかった当初、「事故が起きたら琵琶湖は大変なことになる」「事故が起きても琵琶湖の水量で薄められるから問題ない」という両極端の意見が存在した。今回、予測結果を提示することで、「影響の程度がまったく分からない」から「リスクの大きさの程度を知った上で対応を考える」への転換を図ることができたと考えている。もちろん、今回の予測結果を「安心」あるいは「不安」のどちらととらえるかは、ひとえに個人により異なる。しかし、共通の情報や前提をもった上で話し合うことが、次の一歩を踏み出す上での必要条件ではないだろうか。それを提示するのがこうした科学的予測の大きな役割の一つであると考えている。

（佐藤祐一）

第4章 【座談会】滋賀県・琵琶湖の放射能予測が私たちに問いかけたこと

内藤正明
嘉田由紀子
山中　直
佐藤祐一（進行）

（二〇一六年八月四日、滋賀県琵琶湖環境科学研究センター会議室）

佐藤　東日本の大震災は日本中にさまざまな問題提起をしましたが、滋賀県では、隣県・福井県の原子力発電所で事故が起こると、どんな事態が生じるかが大きな関心事となりました。そこで、私どもの滋賀県琵琶湖環境科学研究センターでは、放射性物質がどのように拡散するかシミュレーションを行い、結果を公表しました。その過程で、国と地方自治体との関係、リスクコミュニケーションのあり方、科学と政策の融合などに関して、さまざまな問題や課題が浮かび上がりました。これらは、放射能予測に限ったことではなく、行政や社会が抱える多くの問題・課題に共通するものです。今回の挑戦から私たちは何を学んだのか？それを次にどう活かせるのか？
当時の滋賀県知事・嘉田由紀子さん、シミュレーションを総括した滋賀県琵琶湖環境科学研究センター・

センター長の内藤正明さん、大気への影響を担当した山中直さん、そして水質への影響を担当した私・佐藤祐一の四人で、この座談会を通して「滋賀から始まる社会変革」にむけた一歩を提案できればと思います。

ことの始まりは三・一一

佐藤　さて、原発や放射能の問題は国が扱うものというのが一般的な考え方だと思うのですが、今回、滋賀県はあえて独自に影響予測を行いました。その背景には、知事としての嘉田さんの強い思いがあったでしょうし、当センターがこれまで積み上げてきた蓄積もあったと思います。そうした、いろんなことの結果としてシミュレーションが実現したと思うのですが……。

内藤　国マターといえば、そもそもエネルギーがそうですね。これまで国のエネルギー政策、必然的に原子力政策にも、地方自治体は口出しを控えてきた経緯があったなかで、あえて滋賀県が放射能予測をやる必然性はどこにあったのかと。

嘉田　知事を拝命したとき、国のエネルギー基本計画を確認しました。全体で六〇頁ほどあるうち、自治体の関与についての記述はたった半頁。その半頁に何が書かれているかといえば温暖化対策。「えっ、エネルギー政策に自治体はこんなにもかかわることができないのか」と思っていたところに三・一一大震災が起きたわけです。

内藤　これまで国主導だったエネルギー政策、原子力政策が、それでは上手くいかないと誰もが認識したのが三・一一だった。滋賀県も始まりは三・一一だった。

嘉田　そうですね。事故直後の福島を見ても分かるように、被災者の避難はすべて自治体に責任がかかってきました。南相馬市の桜井勝延市長が被災日当日から強く発信していました。自分たちはどうしたらいいのかと。あれを見たとき、自治体が本気でかかわらないと守れる命も守れなくなると直感しました。そこで、万が一のとき、どういう被害が起きるかを把握して、避難計画に反映させたいと考えたのが始まりです。

佐藤　それで滋賀県として取り組んだのですね。

嘉田　国が二〇〇億円を投入してつくったＳＰＥＥＤＩという放射性物質拡散シミュレーションのデータがあるので、はじめはそれを利用したいと考えました。そこで本拠地のある東京都文京区白山まで行くと、現職の知事でここに来たのはあなたが初めてですと言われ、驚きました。立地自治体の知事も来たことがないということです。また、データ利用の要求も低かったようです。

佐藤　三・一一が起きるまでは、本当に日本でそんな事故が起きるとは、ほとんど誰も思わなかったのでしょうね。少なくとも、多忙な公務のなかでの優先順位は高くなかった。

嘉田　私はＳＰＥＥＤＩのデータを提供してほしいと国に言いに行ったのですが、立地自治体以外には提供できないと断られました。

内藤　そうでしたね。

嘉田　二〇一一年当時、民主党政権下で、ＳＰＥＥＤＩを管轄する文部科学省は、副大臣や政務官が滋賀県出身だったので、国会議員を通じても頼んだのですが、まったくダメでした。それが五～六月のこと。これではどうにもならない、自分たちでデータをつくるしかないと、内藤さんに相談をさせてもらったのが五月末頃でした。

内藤正明

知事室での攻防

山中　五月でした。そういった交渉と同時進行で当センターに行政担当者から話があったと思います。
嘉田　国が出さないなら自前でやるしかないと覚悟を決めて。あのとき山中さんはどう捉えましたか？
山中　ちょうど、私どもの環境監視部門で大気汚染の状況を精度よく再現できるシミュレーションモデルができ、それをもとに光化学スモッグの注意報を出す地域設定や測定局の配置案を出すという成果を出したところでした。このモデルを援用すれば何とかできる。これはやるしかないなという思いでした。
佐藤　そうとう高度なモデルでしたからね。
山中　福島で起こったことを、そのまま滋賀県の地図に載せるのではなくて、滋賀県の気象や地形などの特徴をふまえた上で予測してほしいというのが嘉田さんの要望でしたね。
嘉田　そうでした。
山中　私たちは原子力の専門家ではないので、本当に放射性物質の評価ができるかどうか分からなかったのですが……。
嘉田　あのとき、「うちは放射性物質を扱ったことはありません」というのが最初の反応でしたね。
山中　はい。
嘉田　アメリカやドイツと違って、日本は環境省に放射性物質を触らせなかったから、地域の環境監視項目に放射性物質が入っていない。経産省と文部科学省が「原発敷地外には放射性物質は出ない」という前提で、囲い込みました。この点、日本は安全神話の中でものすごく特殊なのです。

内藤　はい。多くの特殊性があったし、今もありますが、その背景には結局「産業国家」を国是とするところから来ていると思います。

嘉田　環境系の部局は放射能を扱ったことがないからとずいぶん躊躇された。当然です。では防災系の部局はといったら、自らデータをつくるところではありませんと（笑）。外部でつくられたデータをもとに避難計画をつくるところだと。これも当然です。環境と防災、そこに内藤さんに入っていただいて、皆で知事の机を囲んで議論しましたね。まさしくゼロからでした。

内藤　そうでしたね。

嘉田　ありがたかったです。

内藤　でも、皆ちょっと及び腰でしたが。

山中　やらなくてはという思いと同時に、放射性物質という新たな分野への挑戦という大きなプレシャーがありました。

内藤　嘉田さんと私はわりと能天気でしたけどね。嘉田さんは知事としての使命感がおありだったんでしょうね。

嘉田　私自身は科学者魂というのでしょうか、単にコンパスで領域を区切るのではなく、地形や気象条件を加味して、最善のデータをもとに避難計画をつくりたかったからです。

嘉田由紀子

シミュレーションとは

嘉田　あのとき私が自信をもって臨めたのは、琵琶湖研究所（琵琶湖環境科学研究センターの前身組織）の研究員時代の経験があったからです。当時、所内でシミュレーションの旗手といわれた大西行雄さんに、シミュレーションとは何かを叩き込まれたおかげです。

佐藤　それはどのような内容だったのですか。

嘉田　シミュレーションとは課題追求型の科学で、原理追求型の科学とは違うと。原理追求型の科学は純粋でピュアな条件を設定して科学的真理を追求しようとする。でも、それでは現場での環境問題などは扱えない。琵琶湖だけではありませんが、環境問題の現場では、物理化学的要素や生物学的要素に加えて、人間社会の仕組みや意識まできわめて多様で複雑な要素がかかわっています。それゆえ、たとえ一部に不確定の要素がまじっても、全体としてのいわば環境の振る舞いを見るしかない、それがシミュレーションだと基本的認識を共有できました。

佐藤　現象をマクロに見て、何が起きているのかを理解するということですね。

嘉田　そうですね。ですからシミュレーションはあくまで科学と行政、そして住民とのコミュニケーションのツール。そう琵琶湖研究所時代にさんざん叩き込まれました。それゆえ、記者会見などで、その結果に知事はどう責任を取るのかと聞かれても、逆にこれをもとに皆で議論してくださいと言うことができたのです。原発事故という遠い話、滋賀にも影響があるかもしれない、ないかもしれない、そういう話を、ともかく

佐藤祐一

シミュレーションをもとに、他人事でなく「自分事」にして皆で考えましょうというのが、私の知事としての基本的判断でした。

内藤　あのとき、シミュレーションとはそんなもんだからと、さらっと言われましたね。シミュレーションについては“not science but art”という表現もあります。私も科学というより技術または技芸だと言ってきましたが……。知事は、それについては素人ながら（失礼）それが分かっておられた。だから私も安心して手伝えたのです。

山中　防災計画の見直し検討委員会でも、専門家の方からは、このようなシミュレーションでは、得られた結果と実際の数字が二倍、二分の一になるのは当然であって、そのぐらいだったら精度のいいモデルであると。桁が違うこともありますよ、放射性物質による汚染の到達距離が何キロと決められるものではなくて、傾向が分かるものだということを言っていただいたので、私たちもかなり気は楽になったというのはありましたね。

県民にどう伝えるか

佐藤　ところで、シミュレーションの結果はマスコミを通して発表したのですが、そのさい今のような話がすっかり飛んでしまうことを、たびたび経験しました。

内藤　研究というと必ず「正しい」数字が出るはずという思い（認識）があるので、範囲とか確率というのは分かりにくい。お天気の「確

山中直

佐藤　率」でだいぶ慣れたかなと思ったんですがね。

こういう前提条件のもとでこういう結果が出たが、これはあくまで参考でしかないと、さんざん説明したんです。でも、たとえば水質の話のときにマスコミの方がいの一番に聞くのは、ここの最高濃度はいくつですかといった数字。小数点一桁二桁まで教えてほしいと言うんですね。この数値は前提条件により大きく変わるので、厳密な値はほとんど意味がない、出す必要はないと思うと言っても、「とにかくデスクが聞いてこいと言うから」という感じで。何度も念を押したのに、新聞では複数社が記事として掲載しました。自分が本当に伝えたいこと、あるいは分かってほしいと思うこととズレたものが世に出てしまうことに忸怩たるものを感じました。

嘉田　記者会見の冒頭で、私もシミュレーションとは何かという説明をしましたが……。最初の大気拡散（汚染）のとき以上に、いま佐藤さんが言った水質のとき、マスコミへの対応に気を遣いましたね。

佐藤　そうでしたね。

嘉田　ところで、大気汚染についての発表は二〇一一年一一月でした。しかしその前に、市町全部の了解を得ないといけない。結果は八〜九月に出ていたのですが。

山中　それが最終版になったのは一一月でした。

嘉田　当時の県の防災危機管理局長が、全市町の市長・町長のところへ了解を取りに回ったんです。そのとき、かなりの抵抗を受けました。

山中　自分のところは白地にしてくれという市長もいましたね。

嘉田　当時の近江八幡市長は「人心を混乱に陥れる、けしからん」と。当時の彦根市長も「人心を混乱に陥れる」「僕は納得せん」「彦根市だけ白く抜いてくれ」と。

山中　そうですね。それで、担当者に言って白くできるかと（笑）。「えぇー」と（笑）。

嘉田　でも彦根は、大気汚染の影響はそれほど大きくなかった。

山中　主に美浜原発と大飯原発を想定したシミュレーションで、彦根はどちらからも県内では比較的遠いですからね。

嘉田　それでも彦根市長は、最後の最後まで自分が出したと言いたくないと拒んでいました。知事の責任だと一筆書けとまで言われたんです。

佐藤　そこまででしたか。

嘉田　洪水リスクマップを作成したときも同じようなやりとりがありました。「人心を混乱に陥れる情報を出してはいけない」「対策のとれない情報を出してはいけない」と。

内藤　環境問題は一貫してそうです。私が国の研究所（国立公害研究所〈現・国立環境研究所〉）にいた頃からずっと。

嘉田　対策のとれない情報は出すな、と。

内藤　人心を混乱させるからというより、原因者にとって不都合だからということもあるでしょうね。

嘉田　自分の方に批判の矢が飛んでくるのが嫌だと。

基準超10日間 水備えを

当時の新聞記事

リスク情報の共有

嘉田　リスク情報を素人に、国民に出すべきではないという論理についてはいかがでしょうか？

佐藤　正直いって私も悩んでいるところです。科学者の立場からいえば、すべての情報を出して、その利活用も含めて市民が判断すればいいというのが、理想。けれども、今回の経験を通して、とにかく出せばいいというものではないと感じました。すべて正確に伝わるのだったらいいのですが、実際には誤解されて伝わってしまって。

内藤　さっきの新聞記事のようにね。

佐藤　その結果として、たとえば風評被害のような間違った動きを引き起こすことが容易に予測されるときに、出すべきかどうか……。私にはまだ答えが見つからないです。

内藤　当時、風評被害という言葉はしきりに聞かれましたね。土地の値段が下がったら、作物が売れなくなったら、その責任はどう取るんだと。

佐藤　不都合な情報だから出したくないというのは、さすがにどうかと思いますけれど。でも、情報を流した結果、世の中が違う方向に行ってしまう、誤解されて変な方向に進んでしまうのではという心配は、理解できなくもないです。

内藤　でも、それで仕方がないと言ってしまっては先へ行けない。実際、県民はそれほど騒がなかった。少なくともパニックが起こるようなことは、まったくなかった。

佐藤　そうですね。同じ情報でも、たとえば三・一一のように何か事故が起こった後に出すのと、いわゆる平常時に出すのでは、受け止め方が全然違うでしょうし。滋賀県は三・一一の被害を直接被ったわけではないので、今は平常時なんですよね。だから、今回のように多少冒険してでも情報を出すという姿勢はよかったかもしれないですね。

内藤　そういうことを皆が学習するのに、ちょうどいい時期だったといえますね。

福島から何を学ぶか

嘉田　福島の原発事故のとき、ＳＰＥＥＤＩのデータがあったらこんな方向に逃げなかったのに、ということも起こりましたね。特に浪江町あたりで。住民は、まさに放射能濃度の高い方向に逃げていました。それも四〜五月まで知らされずに。ＳＰＥＥＤＩデータがあったら、そんな方向へ逃げていなかったはず。これは人道上の問題といえます。

佐藤　科学的な情報の提供のあり方が最も問われた問題でしたね。

嘉田　私は県民の生活を守る立場から、より合理的に行動できるような情報があった方が県民のためだと思い、リスクを開示する方向を示しました。福島事故から学ばせてもらう、という立場を通しました。滋賀県議会でもずいぶん批判をいただきました。

佐藤　納得はしてくれたのでしょうか。

嘉田　最終的に、議会は情報を全部出すなとは言わず、だんだんに、このデータは、自分たちの命と暮らしを守り、いくらかでも被害を少なくするためのものだと理解してくれました。一一月二五日には最後まで抵抗しておられた市長さんも納得してくれました。福島からの学びは大きかったです。

佐藤　しかしＳＰＥＥＤＩの情報を公開することについては、僕は難しい面があると思っています。福島第一原発で放射性物質が大量に放出され、その後福島県を中心に地上に沈着したのは三月一五日の夜でした。その日のその時間の風向きを見ると、たしかに浪江町、飯舘村のある北西に向かっており、弱い雨も降っていたんです。でも、当然ながら放射性物質の放出というのは大なり小なりずっと継続していて、一方で風向きは時間単位でくるくる変わるわけです。仮にあのときＳＰＥＥＤＩのデータが毎時更新され公表されていたとしても、どうだったか。たとえば今夜は北西向き、明朝は南東向き、昼になったら南西向きというような時々刻々と変わる情報が提供されたとしても、どこに避難すればいいか住民の皆さんが適切に考えられるかどうかは、また別の問題かなと思います。

山中　ＳＰＥＥＤＩの情報は、天気予報と同様、今後の汚染した大気の動きを予測するもので、このような情報をどのように用い、避難に結びつけるのか、前もって情報提供なり、訓練なりが必要でしたね。

佐藤　情報を提供すれば皆が適切な行動ができるかというと、多分そうではない。公表する側は、情報だけでなく、どう行動すればいいかも、あわせて言わないといけない。さらに言うと、その情報を受け取った人たちが、その意味をちゃんと理解できないといけない。とにかくＳＰＥＥＤＩの情報を出しておけば万事よかったというのは、僕はちょっと違うかなと思っています。

嘉田　行政は、情報とともに具体的な行動指針をセットで示さないといけないということですね。それは当然だと思います。たとえば何時から何時までの外出は避けるようにとか、コンクリートの建物への屋内退避が必要だとか具体的な行動指針は重要です。あわせて、最終的には個々人の置かれた状況は異なるはずなので、個人的な思考力・判断力を高めることが重要です。そのための練習問題がこのようなシミュレーション情報の活用だと思います。今、気象情報なども、情報の受け手の立場にたっての表現になりつつあり、

山中　喜ばしいことだと思います。

山中　私は、データを出すか出さないかと、対応を含めるかどうかというのは、別の問題だと思います。当時の福島では、判断資料としてやっぱり出すべきだったのではないかと……。

学びのプロセス

嘉田　ところで滋賀県では、マスコミの関心は大気より水質の方が高かったですよね。

佐藤　滋賀県民の琵琶湖に対する関心の高さが伺えますが、大気についてもそうとう大きく報道されたと記憶しています。

嘉田　大気の発表のときは、全国で初めてということもありましたからね。

内藤　生々しかったし。

山中　福島の事故が起こってから一年足らずで出しましたからね。

嘉田　二〇一一年一一月ですから八ヶ月後ですね。あのとき山中さんはどんなふうに考えていましたか。

山中　さっき佐藤さんが言ったように、正しく伝わるかどうか心配でした。というのも、大気汚染の発表をしたとき、いくつかの新聞が「琵琶湖に影響」と書いていたので。

佐藤　そうでしたね。

山中　私は、琵琶湖への影響に関しては一言も言いませんでした。それは、気象条件などを加味して改めてシミュレーションしないと分からないと説明していたのです。しかし、放射性物質で汚染された気流が琵琶湖にかかっている図、これは、大気中の放射性ヨウ素を幼児が吸入したときの甲状腺への影響を示したものだったのですが、これを見て、琵琶湖に影響と報じた。大気での汚染状況についてのシミュレーションとして丁寧に説明したつもりだったのですが、新聞記者も読者も琵琶湖への影響に関心が強いようで……。伝えるのは本当に難しいと強く印象に残りました。

嘉田　研究者としては、汚染された大気が琵琶湖にどう影響するか、きちんとシミュレーションをした上でないと、迂闊には言えない。でも、大気から川などの水系を伝って琵琶湖に流れ着くんじゃないかと、マスコミだけでなく一般の人も考えますよね。

山中　確かに、琵琶湖の上を放射性物質で汚染された大気が通過したわけですから、まったく影響がないわけはないのですが。

嘉田　それで、翌年に水質への影響をシミュレーションしたんですよね。

佐藤　はい、そうでした。大気のときの反省があったので、水質のときはかなり丁寧に説明したんです。だからマスコミの報道も大気のときより改善されたと思います。

内藤　滋賀県なら水や生態系への影響の方が深刻に捉えられると危惧したが。免疫ができた部分もあったのかな。

佐藤　大気と水を一連のものとして捉えてはくれたかもしれません。水質に関しての公表は四段階のステップを踏みました。シミュレーションに着手したのが二〇一二年度からで、その年度末の二〇一三年一月に最初の公表を行いました。そこではまず考え方の説明をしました。それはあまりニュースにならなかったのですが。一番問題だったのが、二回目の二〇一三年八月の発表。計算方法について説明したのですが、このとき一番アチャーと思った報道がありました。

嘉田　いや、あのときは、きわめて慎重に、まずは方法から行こうと。いきなりドンと結果を示すと余波がかなり大きいだろうからということでした。

佐藤　方法といっても数式だけでは理解しづらいので、仮想的な数字を入れて説明したんです。たとえば放射性物質が一〇降ると、琵琶湖の水質はこれくらいになりますよと。この一〇は仮の数字で何の根拠もない。ところが、一部マスコミでは、この一〇を入れた結果がまるで正式な予測値のように報道されてしまいました。琵琶湖の汚染試算という見出しで、グラフまで添えて。これはまったく想像していなかったことで、伝えるのがいかに難しいかを痛感しました。

嘉田　という意味では、伝える側、私たちにとってもまさに学びのプロセスでしたね。

佐藤　これを受けて、次の公表のときは当時部門長だった山中さんを中心にマスコミなどいろんなところへ事前レクチャーに行きました。三回目の公表、二〇一三年一一月一八日は中間報告として結果公表の第一弾でしたが、おかげで、このときはだいぶ改善されました。こちらの説明をふまえた記事になっていて、表現も選んでくれて。十分に説明するのは、すごく大事だなと思いました。

内藤　その経験から学べるのは、お互いに慣れていかないといけないということですね。百点満点とはいかないけれど、最初のセンセーショナルな記事に比べると、佐藤さんがまあまあ納得できる程度まで情報伝達のあり方が改善されてきたわけだから。記事を読んだ県民も、最初はワッとなったかもしれないけれど、何度も聞いているうちに、だんだん理解が深まり冷静に受け止めるようになる。これが慣れすぎて反応が薄くなるところまで行くと、また問題ですが。

嘉田　まさに学びのプロセスですね。社会として、全体的に学んでいく。データを自分化して、いざというときにどう行動したらいいのか、自分たち自身の指針にしていく。

内藤　私たちのシミュレーションは、ちょうどいいトレーニングになったのではないでしょうか。もし、いつか実際に原発で何か起こったときに、同じような計算結果の絵が出てくるわけでしょう。県民にとって、一度見たことがあるというのは、すごく大きい。やって良かったと思いますよ。

情報公開して困るのは誰か

嘉田　リスクの公表といえば、水害リスクの公表を、これも全国で初めてやりました。

佐藤　二〇一二年から一三年にかけて、大小さまざまな河川、水路の氾濫予測を県独自で行い、家一軒一軒が分かるレベルで公表し、大きな反響を呼びましたね。

嘉田　これまで水害に関しては、一級河川のハザードマップがありました。しかし、下水道や農業用水が溢れることもあるし、もともと土地が低いために水が溜まることもある。こうした水の出る要因すべてを一つの地図にマッピングをして「地先の安全度マップ」と名づけて発表したんです。内容は危険度マップなのですが、安全度マップと名づけました。この方が社会的に通りやすいので……。市長会や県議会からの抵抗も少ないと思って（笑）。

内藤　うまいネーミングですね（笑）。

嘉田　この名づけ親はもともとは京都大学の堀智晴先生です。

内藤　これから我々もそういう工夫が必要かな。

佐藤　ポジティブな言葉で（笑）。

嘉田　これを出すときも、すごく抵抗があったのです。たとえば、家を買おうとするときに、この土地は二〇〇年に一度の大雨が降ったら浸水するかもしれないという情報があれば、買うのをやめるか、あるいは嵩上げして家を建てるか、買い手側は判断できますね。

内藤　だけど今は、風評被害で地価が何とかかと言って。シミュレーションのときも最初に言われたのは、それでした。

嘉田　地価が下がると。そう言っている人たちは誰かと思い調べたら、結局、土地所有者側の人たちです。旧住民的な方たちで、一方、新住民にすれば、家などは一生に一度というような大事な買い物ですから、家のリスク情報はほしいわけです。

山中　そうですね。

嘉田　そのとき分かったのですが、リスク情報を公開するのに、なぜこんなに批判され、抵抗されるのか。市長会でも県議会でも、大変な批判をいただきました。「学者の遊び」「こんなデータ認められない」と。そう言う人たちがこれまで地域の政治を動かしてきたので、日本ではなかなかリスク情報が開示されてこなかった。ヨーロッパやアメリカなど先進国では当然公開しているリスク情報が、日本ではつくられていない、また公開されていなかった。

佐藤　私も引っ越すときは必ずそういう情報をチェックします。

嘉田　ところで、このデータ、じつは一番ほしがったのは不動産業界です。売った土地で万一水が出て責任を問われたら大変だ、こういうデータがほしかった、と。それから保険会社。水害保険の利率を決めるのにリスク情報が必要だからと。

佐藤　一見反対しそうな業界が、実はそうではなかったと。

嘉田　そうなんです。たとえばアメリカでは、水害リスクマップがないと水害保険をかけられない。フランスやイギリスでも、過去一〇〇年の水害情報がなければ家を建てる許可を出さない。海外では当たり前のことが、日本中どこもできていなくて。それで滋賀県でやってみたら、抵抗する人がいる一方で、データをほしがる人がいる。大変やりがいのある仕事でした。

内藤　先ほどの話に戻れば、住民によけいな心配をかけるなという声の裏には利害の絡む人がいる。公害も然り。

嘉田　そうなんですよ。

内藤　同じ構図がずっと今日の話につながっている。情報は利害と密接に結びついていることを考えないとね。それに惑わされて発表しそびれることは、社会にとってどういうことなのか。勇気を持って決めないといけないですね。どうしても起こってしまうから。嘉田さんは知事として辛かったでしょうが、研究者はもっと弱い立場だから。利害関係者や議員にどなり込まれたりしたら、そりゃあ難しい。

嘉田　私は、地位を守るために知事をやっていたわけじゃない。みんなが少しでも安心して安全に暮らせるように知事の仕事をしてきた。特に未来世代に責任をもった政治をしたい。そして万が一災害が起こったときは、被害を最小化する。それが知事の仕事で、そのための政治だからと思うと、まさに「孫子安心社会づくり」を柱にしたら、何を言われても最後までひるみませんでした（笑）。

科学と行政そして文明論

嘉田　この強さは琵琶湖研究所での経験のおかげです。いろんな分野の人と濃密な議論をしてきたおかげです。特に理科系や社会科学系など分野が異なる研究者と行政と、そして住民の皆さんとの議論のおかげです。

佐藤　その研究所は今の琵琶湖環境科学研究センターの前身にあたる組織で、一九八二年に設置されました。当時から理学や工学、社会学など多様な分野の研究者がいましたね。

嘉田　それから一九九九年に出た「ブタペスト宣言」の影響も大きかったです。単なる研究のためではなく、「進歩のための知識にしよう」「平和のための科学にしよう」「より安全な暮らしをつくるための科学にしよう」という、科学と科学的知識の利用に関する世界宣言。ここは揺るぎなく進めたいと知事時代に思いました。

内藤　過去には、科学だけでなく技術までも価値中立で、世の中の意思決定にはかかわらないといった感じでしたが。

嘉田　自治体の研究所は、県民に成果を還元することが使命です。国立大学で基礎研究を行う、それはそれでいいですけど、県民の税金で成り立っている研究所は、いかに県民の役に立てるかが大切です。滋賀県では、琵琶湖環境科学研究センターと琵琶湖博物館です。

内藤　私たちもそのような意識を内部で共有する努力をしています。

嘉田　内藤さんがセンター長になって、皆さんが集まってくれてありがたいです。琵琶湖研究所初代所長の吉良龍夫先生が、行政の政策課題に応えるための研究所だと言っておられましたが、今そのとおりの実績が上がっている。

山中　所員の考え方も、研究課題を決めるときに、科学的な関心だけでなく、県政課題を頭に入れるように少しずつ変わってきたように思います。

嘉田　ただし政策課題といっても、視野狭窄になるということじゃないんですよ。環境問題というのは一種の文明論ですからね。

内藤　まさに文明論。本書の第二部で紹介した東近江の研究では、そこに踏み込もうとしています。従来からあるまちづくりや環境計画といった枠をはるかに超えた社会変革を志向している。すると文明論につながらざるをえない。

佐藤　僕はシミュレーションの研究をしていますが、学会で発表するだけだったら文明や社会など気にしなくていいんです。しかし、社会にどう還元しようかということを考えると、文明論に踏み込まざるをえない。

内藤　本当にそうです。特にいま、社会の変革が不可避だとすれば文明論に立ち返らざるをえない。

佐藤　当然ながら行政とやりとりしないといけないし、住民の方々と話をしないといけないし。

内藤　住民の間でも利害が錯綜するし。何を社会的な正義と考えるか、改めて踏み込まざるをえない。科学的真理と社会正義、その相剋のなかで踏み込まざるをえない。

佐藤　僕もこの研究所に赴任した当初はシミュレーションばかりしていました。けれども気がつけば、市民参加とか協働とか、そんなことをやっていて、むしろそっちの方が時間をたくさん食うようになっている。

内藤　逆にまた、それをふまえてシミュレーションとはどうあるべきかを考えるようになるよね。

佐藤　そうですね。

内藤　シミュレーションというのも、先ほどの話のように、必ずしも客観的で価値中立な科学の方法とはいえないんですよね。

嘉田　そもそも、あるテーマを選ぶことが、価値観に拘束されている。

内藤　そこが、まさに一番大きいです。

嘉田　なぜそのテーマを選ぶかは、価値観抜きには語れませんので。

内藤　当センターにおける研究もそうですが、日本全体における研究のあり方についても、いま根底から問い直されているのは、そのあたりだと思います。

佐藤　研究者が自分の好きなことをするのに、お金がつく時代ではなくなっています。

内藤　先ほどのブタペスト宣言にもつながりますが、現在、科学が社会にどう利用されて役立つかという話をせざるをえなくなっている。さらにいえば、科学技術と社会との関係が根底から問い直されている。私も長年、技術は世の中を豊かにするものだという信仰で技術屋としてやってきたけれど、何が功罪だったのか。

佐藤　ある側面から見れば功でも、別の側面から見れば罪ということが多々あります。

内藤　単に功と罪でなく、誰にとっての功か罪かというのも考えないといけない。主体によって変わるわけです。原発なんてまさにそうでしょう。集中的に利益を受ける主体もいれば、被害しか蒙らない主体もいるわけでね。利害から社会的正義にかかわる問題まで、議論の必要がある。

限界の時代

嘉田　ちょっと昔までエネルギーも食料も、あるいは上水も下水も、生活資源というのはまさに共同体のなかで自己完結していたわけですよね。ところが、近代化のなかで上水道ができ、下水道ができた。こうして自己完結型の暮らしのなかに外部依存性が増えて、私たちは一瞬幸せになった。

内藤　ところが、じつはもう限界が来ている。地球全体として限界を超えているというデータが、いろんな指標で示されているわけです。一部の国が問題なくいけているように見えるのは、将来を先食いしたり、よその国から収奪したりしているからであって。

佐藤　その事実に、たくさんの人が気づき始めていますよね。

内藤　気づきたくない人がお金や力を持って世の中を動かしていますから、気づかせないようにしていますけれど。それでも気づいて、少なくとも自分たちの身は自分たちで守ろうと、さっき嘉田さんが仰ったような、地域で完結する仕組みをつくろうという人たちが、各地で増えています。

嘉田　たとえば滋賀県の新旭町針江では、今でも湧き水のカバタ（川端）を使っています。たとえ地震が起きて水道が止まっても安心の砦がある。

佐藤　滋賀県で上水道が急速に普及したのは、昭和三〇代の頃でした。名前は違えども、滋賀県にはカバタのような仕組みはあちこちにありました。

嘉田　ところが行政は、水道ができたら湧き水も井戸水も、もう使うなと指導しましたよね。

内藤　計画通りに使われなかったら事業が成り立たないですからね。

嘉田　琵琶湖研究所時代、井戸水や湧き水を使おうと呼びかけて、公衆衛生課と水道部局に怒られました。「水道事業を赤字にする気か」と。

内藤　ところで人口減で一番困るのが水道や下水道ですよ。使う人がいないと水が余ってしまう。

嘉田　もともと施設計画の原単位が大きすぎる。施設が過剰投資。

佐藤　水をもっと使おうとキャンペーンを始めた自治体もあるという冗談みたいな話もあります（笑）。

内藤　すでにかなりの水を捨てざるをえないですよ。腐敗しますから。

嘉田　昭和五〇～六〇年代、琵琶湖研究所にいたときに上・下水道の計画をする人から聞いたのですが、滋賀県五〇市町村みんな右肩上がりの人口増を想定して計算していました。山あいのK村でも一・五倍増という予測を出していました。県は市町から出たデータを単にホチキス留めして計画をつくった。過大計画になるのは目に見えていた。

内藤　全国的にそうでした。

嘉田　結局、あちこちで余ってるんですよね。

内藤　現在、衛生工学において緊急課題なんです。そのおかげで飯が食える（笑）。そういう面もあるのですね。技術で社会を支えるというのは。

嘉田　もちろん、水道ができて本当に楽になりました。私は今でも毎朝、琵琶湖に出て、朝の水を一杯飲ませていただき、琵琶湖の水で顔を洗っているんです。でも雨の日は嫌なんですよ、やっぱり。ああ、水道があってよかったなと思う。だから両方ほしい。近代技術も自然の水とのつながりも。

佐藤　双方にメリット、デメリットがありますからね。

嘉田　ヨーロッパでは今でも街の真ん中に湧き水がありますよね。日本はどうしてあんなにもいっせいに昔の水を潰してしまったのか。

内藤　おそらく科学や技術が外国からどっと入ってきて、自ら時間をかけて作り上げてこなかったせいでしょうね。

嘉田　終戦直後の民族としての自信喪失だと思います。

内藤　最初は明治維新で、さらに戦後にもう一度あって、完全に自信を喪失させられましたね。戦後の体験者としてそれは明確に記憶しています。

嘉田　恥ずかしい、貧乏くさいからと徹底的に潰してきたんでしょうね。琵琶湖研究所時代にその現場に出会って、潰さずとも置いておいたらいいじゃないですか、上水道が入っても井戸や湧き水を残しておきましょう、下水道が入ってもぼっとん便所を一つ置いておきましょうと呼びかけたのですが。

山中　人口増の時代はある程度はやむをえないのかなと思いますが、これから日本も成熟社会になるはず。過去のこともふまえながら、どういうシステムに変えていくのか、重要ですね。

内藤　安全と地球環境への負荷の軽減という視点を加味して現代の技術システムを見直したら、何が残るかですね。まだ定義ははっきりしていませんが、私は適正技術という言葉を使っています。これまでのように大きくて速くて効率的なら何でもいいというわけではない。そうかといって昔に戻ればいいというわけでもない。

嘉田　肥だめ担いでろうそく灯して江戸時代の生活に戻れとは言わない。けど、そういう暮らしぶりをどこかに残しておく。

内藤　そして、いざとなったら。

嘉田　まさに、いざというときの生活保険のために。それが今国際的に話題となっている「レジリアンス」（再生）という概念につながっている。

内藤　これはやっぱり言わないといけないですね。リスク時代が到来していると。地震も異常気象も増えていますから、どう備えるか。安全は効率とほぼ裏返しですから、最適値をもう一度探さないと。

複合化する災害

嘉田　日本の高度経済成長期は、大地震がなかったんですよね。

内藤　不思議な時代ですね。

嘉田　昭和二三年（一九四八）の福井大地震から平成七年（一九九五）の阪神・淡路大震災まで、日本中が混乱するほどの大地震はなかった。歴史的に希有な時代ですよね。

内藤　さらに、大地震の活発化と同時に、現代は人為的なリスクも。

嘉田　地震が起きて、津波が来て、原発事故と。災害が複合化するんですよね。

嘉田　今回の放射能シミュレーションをもとに作成した滋賀県の避難計画では、まずは自宅で屋内退避としています。でも、熊本地震のように建物が危なくなったら、二重被害になりかねない。とくに長浜や彦根は古い家が多いでしょう。私は今それが一番怖い。

内藤　相乗効果。

嘉田　もともと自然災害の多い国土で、地震も津波も、それから水害も、どうしても発生そのものをゼロにはできない。そこに人為的な被害が相乗化して、複合化する。そのなかでどうやって我が身を守り、市民や県民の命を守るのか。行政として一番難しいところです。

佐藤　僕もこの放射能シミュレーションの計算をしていたときに、すごくジレンマを感じました。原発事故が起こったときに大気や水質がどうなるかといっても、そうした影響が単独で起きることはありえない。当然ながら同時に何か別のことが起きているはず。仮にそれが地震だとすると、道路が寸断されたりライフラインが破壊されたり、いろんなことが起きているなかで放射性物質が飛んでくるのに、水質だけピュアに計算しているのは、現実的ではないんじゃないかと。常にそう思いながらやっていました。

山中　どこの原発の避難計画もそうですね。通常どおり道路が使えるものとしてつくっている。

佐藤　そういうのを計画に載せるのは、行政では無理なのでしょうかね。

嘉田　熊本地震後の知事会で、滋賀県の三日月知事は、屋内退避は難しいと声を上げました。でも、ほかの知事は誰も言わない。立地地元はおろか、被害地元さえ。本当に県民や府民を守る覚悟があるのかと、不信を持ってしまいます。

内藤　言ってしまったら後に引けないと恐れているのかな。

嘉田　でも、少なくとも問題があることは言わないと。

内藤　あまりにも問題が大きすぎて、言わずに済むなら、自分が任期の間はそれで済ませたい（笑）。特に自然災害は人間の責任じゃないというのもあるんでしょうね。

嘉田　そして「想定外」という言葉で逃げる。
内藤　そうそう。
嘉田　でも、技術も暮らしも「想定内」にしなかったら、いつか大変なことになりますよ。

持続可能社会から生存可能社会へ

嘉田　私は知事時代に関西広域連合が必要だと主張しましたが、それには理由が二つあります。一つは琵琶湖と淀川の上下流連携を、国をこえて、自治体同士で日常的にちゃんとつくっておくため。もう一つは防災計画。阪神・淡路大震災のとき兵庫だけではどうにもならなかった。周りの自治体がいろいろ応援に行ったところが消防ポンプの口径一つ合わない。せめて近隣同士の消防ポンプのつなぎぐらいは合わせておきましょうと、いま関西全体で防災計画をつくっています。
佐藤　規格化されていないのですね。驚きです。
嘉田　私は知事を務めた八年間、ダムも新幹線の新駅もやめましたが、防災危機管理センターだけはつくりました。次は医療福祉センターができる。これらは滋賀県だけのためではありません。もし東南海・南海地震が起きたら兵庫も大阪もやられてしまう。京都は場所が少ない。ならば滋賀県が関西全体の防災拠点になろうと、その覚悟で投資しています。
佐藤　滋賀県以外にはできないことですね。
嘉田　これをあまり言うと県議会から「滋賀県のことだけ考えるべき」と批判されかねないんですけど。でも、関西が地域全体としてどう生き残っていくのかを考えないと。東京で首都直下型地震が起きたらどうなりますか。

内藤　僕は以前から別の首都をつくれと主張しています。そのためにこそ関西がある。経済と産業の東京に追いつけ追い越せではなく、文化と伝統で創生する反対方向の社会をつくるべきと。

嘉田　まさに持続可能社会ですよね。

内藤　私は持続可能を通り越して生存可能社会を提唱しています。

嘉田　生存が危ない、まさにそうですね。

内藤　もう持続なんて言っている段階は過ぎたと。

嘉田　個人的なことですが、私、埼玉で生まれて、なぜ東京をすっ飛ばして関西に来たのかというと、もちろん琵琶湖や比叡山の魅力というのもあるけれど、あの東京では生きていけないと思ったからです。その理由は二つ。一つは子どもを育てにくいと思いました。もう一つはあの混雑が息苦しくて。東京の方には申し訳ないですが……。

佐藤　僕も二年半住んでいたからよく知っています。特に通勤電車は、肉体的にも精神的にも大変疲れました。

嘉田　なぜか関西は安心できますよね。盆地文化という地勢もあります。

佐藤　はい。山や川を見るとほっとします。勤務地の新宿ではビルしか見えませんでした。

内藤　それはそうですよ。

嘉田　水はあるし食料もあるし。万一のときは山に木を拾いに行けばいい（笑）。昔話の「桃太郎」の世界も近い。

内藤　生存可能社会。

嘉田　それが滋賀の生きる道ですよ。「ほどほどの田舎で、ほどほどの都会」。

内藤　本書の第二部で紹介しているのがまさにそれで、東近江や高島の一部で目指している自給圏の取り組み。

適正技術とコミュニケーションが支える

佐藤　生存可能社会で使われるのは、現代の技術だけじゃなくて、昔の技術と両方ということですね。

内藤　地域密着の適正技術。滋賀のビジネスとしてありうると思うんだけど。

嘉田　針葉樹でも燃やせる薪ストーブとか。あれも新しい技術ですよね。

内藤　新たなローカル・テクノロジーですよね。近代技術がすごく進歩したのは確かだから、上手に利用して。

嘉田　それをどうやって市民技術として市民社会のなかに活かしていくか。

内藤　私も社会技術や市民技術という表現をよく使います。たとえば水を濾過する逆浸透膜。インドでも利用されています。電気がないところで、牛の動力で膜濾過装置を動かしているんですよ。

佐藤　すごいハイブリッドですね（笑）。

内藤　そういえば、私が琵琶湖で面白いと思うのは、人力で横断できるようになったこと。鳥人間コンテストですが、はじめのころは二〇～三〇メートルでジャボンと落ちていたのが、この頃は対岸まで行って引き返してくるんですよ。

佐藤　そうなんですか。

内藤　あれが可能になったのはカーボンファイバーのおかげだそうです。鳥人間を見ていると最先端技術を取り入れたエコ技術が発展していくのではないかという予感がします。

嘉田　それとあわせて、先ほど出た外部依存の社会から自給圏社会への動き。食、エネルギー、ケアを近い人同士で守っていく。第二部にある東近江モデルですよね。

内藤　この東近江モデルが広がって滋賀モデルになっていく。国も注目しています。

嘉田　あの現場を見ていたら、いわば、おっちょこちょいの人が多いですよね。惣寄りに来る人たち。

内藤　昔ながらの組織が今になって生きているのが面白いですね。

嘉田　まさに中世の惣村の自治の魂が受け継がれている。そこに、元県職員や元市職員の公務員崩れのおじさん・おばさんや、研究者崩れのおじさん・おばさんが集まって、第二の人生を楽しんでいる（笑）。

内藤　私も隅っこで参加したりしましたが、すごいところですよね。

嘉田　滋賀県では、旧住民のなかに環境や福祉を通じて新住民が入り込んでいるんですよ。

内藤　それが滋賀の強みですね。

佐藤　なるほど。新住民と旧住民のハイブリッドにより、新たな地域社会が生まれてきていると。

嘉田　私、新住民ですよ。いまだによそ者と言われています（笑）。

佐藤　新住民・旧住民に限らず、いろんな背景を持っている人たちが普段からコミュニケーションできているのが、いろんなことの核になっているなと常々感じますね。

内藤　ここでの話を私なりに要約すると、「持続可能社会」から「生存可能社会」へと変革する時代において、「価値観・文明の変革」がどうしても必要になる。その下に、「自然と人為の調和、先端技術と伝統技術の融合、効率と安全・安心のバランス、グローバル世界を見通したローカルコミュニティーの再生」といったこれまでの対置概念を新たに統合して、これからの時代にふさわしい仕組みをつくりだすときが来ている。そのために、市民と行政、利害主体間の情報共有と協働がカギとなる、ということではないでしょうか。

嘉田　いま三日月知事は国連がかかげる持続可能社会の一七の目標をまとめたＳＤＧｓを県として推進しようとしています。今回のこの座談会、そして本の出版はまさにＳＤＧｓを地域政策として実践していくための

「知の宝庫」であろうと思います。内藤センター長のリーダーシップのもと、センターのみなさんのご活躍を期待しています。

佐藤　放射能予測の話から文明論、生存可能社会に至るまで、今日は興味深い話をたくさん聞かせていただきました。みなさま、ありがとうございました。

おわりに

琵琶湖が滋賀県にとって最大の宝物であることは改めて申すまでもありません。そこで滋賀県では琵琶湖を守るために県民をあげて多大な努力がなされてきました。その一つとして、他府県が羨むような調査・分析・研究機関と、その成果を広く開示する調査・研究・展示機関を持っていることがあげられます。

「琵琶湖環境科学研究センター」も、そのような機関の一つで、琵琶湖と滋賀の環境に関する総合的な調査・研究を担当するべく、二〇〇四年に発足した機関です。その母体となったのは、滋賀県「琵琶湖研究所」と滋賀県立「衛生環境センター環境部門」です。さらには最近「森林センター」の研究部門が統合され、当センターはこれらの諸機関が長年培ってきた試験研究の成果と人材を最大限活かし、新たな課題に対応するための仕事をしてきました。

本書は、当センターの一〇周年を一区切りとして、これまでの調査・研究の蓄積を整理し、今後のさらなる発展の基礎にしたいという目的で出版したものです。さらに加えて、この時点での大事な目的は、①「琵琶湖と滋賀の環境」に関する我々センターのこれまでの調査・研究成果を、それに立って進められてきた行政の施策と一体的に取りまとめて発信すること、②琵琶湖というこの貴重な自然資源を、改めて〝誰のために、どのような目的のために〟護り活かしていくかという、今後への大きな問題提起です。それは当然、③豊かな〝水と人のつきあい方〟とは本来どのようなものかという、深い哲学的な考察への序章でもあります。

近年、自然資源の保護・保全は喫緊の課題として認識されていますが、それは人為的な影響に加えて、災害や気候変動などの激化が、我が国の豊かな自然環境を各地で崩壊の危機に曝しているためです。

本書の「琵琶湖からの発信」が、このような全国規模さらには世界規模の課題に対しても、細やかながら何らかのヒントを提示できればと、ひそかな願いも持っています。

おわりに当たり、本書の刊行に当たって多くの方々の力をお借りしたことに感謝いたします。特に、専門書でありながら現場の行政施策にも深く関わる本書の特徴は、既往の出版物の内容とは異なるために、その記述や構成にも新たな工夫が必要でしたが、そのような難題を一手に引き受けて、最終的にこうした形に仕上げて下さったのは、昭和堂の松井久見子さんです。そのご努力に著者一同を代表して深甚の感謝を申し上げる次第です。

二〇一八年二月

著者代表　内藤正明

■執筆者紹介（執筆順）

金　再奎（きむ ぜぎゅ）

滋賀県琵琶湖環境科学研究センター専門研究員。工学博士。専門は環境システム学。主な関心ごとに「地域に根差した持続可能な社会の将来ビジョンの作成とその社会実装手法」「豊かさ指標」など。

岩川貴志（いわかわ たかし）

NPO 法人循環共生社会システム研究所事務局長。専門は環境システム学。持続可能な滋賀社会ビジョンをはじめ、関西圏を中心に自治体の持続可能な地域づくり、温暖化対策に対して技術協力を行っている。

山中　直（やまなか すなお）

公益財団法人淡海環境保全財団シニア・アドバイザー、元琵琶湖環境科学研究センター環境監視部門長。滋賀県職員として、琵琶湖の水環境に関する調査研究、環境行政等に携わった。

佐藤祐一（さとう ゆういち）

滋賀県琵琶湖環境科学研究センター主任研究員。工学博士。専門は環境動態解析、市民協働。おもな著作に『水と緑の計画学』（分担執筆、京都大学学術出版会、2010年）、『農業環境政策の経済分析』（分担執筆、日本評論社、2013年）など。

■編者紹介

内藤正明（ないとう まさあき）

滋賀県琵琶湖環境科学研究センター長。京都大学名誉教授。工学博士。専門は環境システム学。京都大学工学部助教授、国立環境研究所総合解析部長、京都大学大学院地球環境学堂・学舎長を経て2005年より現職。おもな著作に『現代科学技術と地球環境学』（岩波書店、1998年）、『持続可能な社会システム』（同）、『まんがで学ぶエコロジー』（昭和堂、2003年）など。

嘉田由紀子（かだ ゆきこ）

前滋賀県知事。農学博士。専門は環境社会学。琵琶湖研究所研究員、琵琶湖博物館総括学芸員、京都精華大学人文学部教授、びわこ成蹊スポーツ大学学長などを歴任。おもな著作に『子どもたちの生きるアフリカ』（昭和堂、2017年）、『知事は何ができるのか――「日本病」の治療は地域から』（風媒社、2012年）、『生活環境主義で行こう』（岩波書店、2008年）など。

滋賀県発！ 持続可能社会への挑戦
――科学と政策をつなぐ

2018年5月15日　初版第1刷発行

編　者　内藤正明
　　　　嘉田由紀子

発行者　杉田啓三

〒607-8494　京都市山科区日ノ岡堤谷町3-1
発行所　株式会社　昭和堂
振替口座　01060-5-9347
TEL（075）502-7500／FAX（075）502-7501
ホームページ　http://www.showado-kyoto.jp

印刷　亜細亜印刷

ISBN978-4-8122-1717-7